高等学校应用型本科"十三五"规划教材

数控加工技术

主　编　吴　睿
副主编　冯启国　孟　杰　陈沛富　李绪武
主　审　丁又青

西安电子科技大学出版社

内 容 简 介

数控加工技术既是工艺、机床、刀夹具等前期专业基础课程的知识升华及应用拓展，又有着自身独特的知识体系，理论性和实践性都较强。本书以知识的教、学、用为主线展开。全书共分五章，第 1 章绪论部分对数控技术的发展、现状及应用等进行了简单回顾与展望；第 2 章从电子系统对机械系统的控制视角出发，梳理了数控加工技术的独特性，为学生深刻认识数控加工技术原理奠定了基础；第 3 章为数控加工工艺及应用，既兼顾其与传统工艺的关联，又强调知识体系自身应用的独特性，并结合具体工艺设定案例，帮助读者加深理解；第 4 章通过数控车削加工重点学习手工编程方法与技巧，体会数控加工的核心知识及加工理念，是数控加工技术必须掌握的基础能力；第 5 章通过铣削加工重点讲解自动编程，从自动编程的工具、方法及应用角度作了较为详尽的阐述，并通过具体例子使学生真正掌握自动编程技术及应用技巧。

本书是为适应应用型技术人才培养需要而编写的课改教材，内容架构重点考虑了完整的加工过程所需要的知识，并按实际加工顺序编排知识点，适合应用型本科院校学生选用，对于自学数控加工技术的读者，本书也具有很好的借鉴意义。

图书在版编目(CIP)数据

数控加工技术/吴睿主编. —西安：西安电子科技大学出版社，2015.7
高等学校应用型本科"十三五"规划教材
ISBN 978 - 7 - 5606 - 3748 - 8

Ⅰ. ① 数… Ⅱ. ① 吴… Ⅲ. ① 数控机床—加工—高等学校—教材 Ⅳ. ① TG659

中国版本图书馆 CIP 数据核字 (2015) 第 134668 号

策划编辑 李惠萍 戚文艳
责任编辑 李惠萍
出版发行 西安电子科技大学出版社(西安市太白南路 2 号)
电 话 (029)88242885 88201467 邮 编 710071
网 址 www.xduph.com 电子邮箱 xdupfxb001@163.com
经 销 新华书店
印刷单位 陕西天意印务有限责任公司
版 次 2015 年 7 月第 1 版 2015 年 7 月第 1 次印刷
开 本 787 毫米×960 毫米 1/16 印张 8.5
字 数 167 千字
印 数 1～3000 册
定 价 15.00 元
ISBN 978 - 7 - 5606 - 3748 - 8/TG
XDUP 4040001 - 1

前　言

随着高校转型和应用技术型大学建设的不断推进，课程改革也围绕着教学重心向知识应用方向逐渐展开。为此，我们特编写本书，以适应机械设计制造及自动化专业教学需要。

数控加工技术是高等工科院校机械设计制造及自动化专业方向的主要专业课程，是工艺、机床、刀夹具等前期专业基础课程的知识升华及应用拓展，同时本课程又有着自身独特的知识体系，理论性和实践性都较强。本书结合编著者多年教学实践经验，参考了近年来出版的同类理论及实训教材，在梳理数控加工技术知识的基础上，偏重知识应用与升华，充分体现应用技术型大学的人才培养目标，以知识为主线，以应用为导向进行编写。内容编排上力求化繁为简，突出重点。全书共分五章，第1章为绪论，第2章为数控机床典型零部件及其工作原理，第3章为数控加工工艺及应用，第4章为数控车床编程及操作，第5章为数控铣加工及自动编程技术。

本书按照64学时进行内容编排，反映了数控加工技术的基本原理、基本设备、工艺规律及主要特点，在体现与前期工艺等知识对接的基础上，突出本课程知识体系特色，并强调知识的应用。以手工编程强化基本加工知识技能培养，以自动编程体现工程实践能力培养。根据学习特点和规律，内容安排体现由浅入深，逐步展开，注重先进性、实用性和科学性。根据应用型知识传授特点，教学安排上建议4节连排，考试方式建议以实际制作取代传统的单一的理论考试方式，以学生最终上交所加工的零件为考评依据，结合平时现场训练成绩和理论考试成绩，按照一定比例综合给出学生本门课的成绩。

本书是在重庆科技学院机械工程与动力学院老师们的辛勤耕耘及院领导的关怀和大力支持下完成的，其中，第1章由李绪武、陈沛富编写，第2、4章由吴睿编写，第3章由孟杰编写，第5章由冯启国编写，丁又青教授担任本书的主审，对全书内容进行了细致审阅，提出了很多宝贵意见。衷心感谢学院的大力支持和赞助，并向所有给予本书关心和帮助的老师表示诚挚谢意，感谢你们为完成本书所付出的辛苦劳动。

由于编者水平有限，书中难免有不足和疏漏之处，恳请各位读者、专家批评指正。

编　者
2015年4月

目　　录

第1章 绪 论

1.1 数控技术发展现状、趋势及应用

数控系统是数字控制系统的简称，英文名称为 Numerical Control System，它是根据计算机存储器中存储的控制程序，执行部分或全部数值控制的功能，并配有接口电路和伺服驱动装置的专用计算机系统。该系统通过利用数字、文字和符号组成的指令来实现对一台或多台机械设备动作的控制，它所控制的通常是位置、角度、速度等机械量和开关量。

数控技术是用数字信息对机械运动和工作过程进行控制的技术，它是集传统的机械制造技术、计算机技术、现代控制技术、传感检测技术、网络通信技术和光机电技术等于一体的现代制造业的基础技术，具有高精度、高效率、柔性自动化等特点，对制造业实现柔性自动化、集成化和智能化起着举足轻重的作用。同时，它也是制造自动化的基础，是现代制造装备的灵魂与核心，是国家工业和国防工业现代化的重要手段，关系到国家战略地位，体现了国家综合国力与水平。数控技术水平的高低和数控装备拥有量的多少是衡量一个国家工业现代化的重要标志。

1.1.1 数控技术的国内外发展现状

数控技术来源于军事扩张的需求，第一台数控铣床就是为军用直升飞机加工复杂的精密零件的。数控技术及装备是发展新兴高新技术产业和尖端工业的使能技术和最基本的装备。世界各国信息产业、生物产业，以及航空、航天等国防工业广泛采用数控技术，以提高其制造能力和制造水平，提高设备对市场的适应能力和竞争能力。

1948年，美国帕森斯公司接受美国空军委托，研制直升飞机螺旋桨叶片轮廓检验用样板的加工设备。由于样板形状复杂多样，精度要求高，一般加工设备难以适应，于是提出采用数字脉冲控制机床的设想。1949年，该公司与美国麻省理工学院开始共同研究，并于1952年试制成功第一台三坐标数控铣床，当时的数控装置采用电子管元件。1959年，数控装置采用了晶体管元件和印刷电路板，出现了带自动换刀装置的数控机床，称为加工中心（MC，Machining Center），使数控装置进入了第二代。

1965年，出现了第三代的集成电路数控装置，不仅体积小，功率消耗少，且可靠性提高，价格进一步下降，促进了数控机床品种和产量的发展。1970年之前，先后出现了由一

台计算机直接控制多台机床的直接数控系统(简称 DNC),又称群控系统;采用小型计算机控制的计算机数控系统(简称 CNC),使数控装置进入了以小型计算机化为特征的第四代。1974 年,成功研制出使用微处理器和半导体存储器的微型计算机数控装置(简称 MNC),这是第五代数控系统。到 20 世纪 80 年代初,随着计算机软、硬件技术的发展,出现了能进行人机对话式自动编制程序的数控装置,数控装置愈趋小型化,可以直接安装在机床上;数控机床的自动化程度进一步提高,具有自动监控刀具破损和自动检测工件等功能。20 世纪 90 年代后期,出现了 PC+CNC 智能数控系统,即以 PC 机为控制系统的硬件部分,在 PC 机上安装 NC 软件系统,此种方式系统维护方便,易于实现网络化制造。

我国数控技术起步较晚,相对于国外的技术研究较落后,近 50 年的发展历程大致可分为三个阶段:第一阶段为 1958—1979 年,即封闭式发展阶段。在此阶段,由于国外的技术封锁和我国基础条件的限制,数控技术的发展较为缓慢。第二阶段是在国家的"六五"、"七五"期间以及"八五"的前期,即引进技术、消化吸收、初步建立起国产化体系阶段。在此阶段,由于改革开放和国家的重视,以及研究开发环境和国际环境的改善,我国数控技术在研究、开发和产品的国产化方面都取得了长足的进步。第三阶段是在国家"八五"的后期和"九五"期间,即实施产业化的研究,进入市场竞争阶段。在此阶段,我国国产数控装备的产业化取得了实质性进步。在"九五"末期,国产数控机床的国内市场占有率达 50%,配有国产数控系统(普及型)的机床也达到了 10%。

目前我国一部分普及型数控机床的生产已经形成一定规模,产品技术性能指标较为成熟,价格合理,在国际市场上具有一定的竞争力。我国数控机床行业所掌握的五轴联动数控技术较成熟,并已有成熟产品走向市场。但目前我国占据市场的产品主要集中在经济型产品上,而在中档、高档产品上市场比例仍然很小,与国外一些先进产品相比,在可靠性、稳定性、速度和精度等方面均存在较大差距。与发达国家相比,我国数控机床行业在信息化技术应用上仍然存在很多不足,主要表现在以下三个方面:

(1)信息化技术基础薄弱,对国外技术依存度高。我国数控机床行业总体的技术开发能力和技术基础薄弱,信息化技术应用程度不高。行业现有的信息化技术来源主要依靠引进国外技术,对国外技术的依存度较高,对引进技术的消化仍停留在掌握已有技术和提高国产化上,没有上升到形成产品自主开发能力和技术创新能力的高度。具有高精、高速、高效、复合功能、多轴联动等特点的智能数控机床基本上还依赖进口。

(2)产品成熟度较低,可靠性不高。国外数控系统平均无故障时间在 10 000 h 以上,国内自主开发的数控系统仅为 3000~5000 h;整机平均无故障工作时间国外达 800 h 以上,国内最好的也只有 300 h。

(3)创新能力低,市场竞争力不强。我国生产数控机床的企业虽达百余家,但大多数未能形成规模生产,信息化技术利用不足,创新能力低,制造成本高,产品市场竞争能力不强。

1.1.2 数控技术的发展趋势

数控技术不仅给传统制造业带来了革命性的变化，使制造业成为工业化的象征，而且随着数控技术的不断发展和应用领域的扩大，它对国计民生的一些重要行业的发展起着越来越重要的作用。尽管十多年前就出现了高精度、高速度的趋势，但是科学技术的发展是没有止境的，高精度、高速度的内涵也在不断变化，目前正在向着精度和速度的极限发展。从目前世界上数控技术发展的趋势来看，主要有如下几个方面：

1. 机床的高速化、精密化、智能化、微型化发展

随着汽车、航空航天等工业轻合金材料的广泛应用，高速加工已成为制造技术的重要发展趋势。高速加工具有缩短加工时间、提高加工精度和表面质量等优点，在模具制造等领域的应用也日益广泛。机床的高速化需要新的数控系统、高速电主轴和高速伺服进给驱动，以及机床结构的优化和轻量化。高速加工不仅是设备本身，而且是机床、刀具、刀柄、夹具和数控编程技术，以及人员素质的集成。高速化的最终目的是高效化，机床仅是实现高效的关键之一，绝非全部，生产效率和效益在"刀尖"上。

按照加工精度，机床可分为普通机床、精密机床和超精机床，加工精度大约每8年提高一倍。数控机床的定位精度即将告别微米时代而进入亚微米时代，超精密数控机床正在向纳米进军。在未来10年，精密化与高速化、智能化和微型化将汇合而成新一代机床。机床的精密化不仅是汽车、电子、医疗器械等工业的迫切需求，还直接关系到航空航天、导弹卫星、新型武器等国防工业的现代化。

机床智能化包括在线测量、监控和补偿。数控机床的位置检测及其闭环控制就是简单的应用案例。为了进一步提高加工精度，机床的圆周运动精度和刀头点的空间位置，可以通过球杆仪和激光测量后，输入数控系统加以补偿。未来的数控机床将会配备各种微型传感器，以监控切削力、振动、热变形等所产生的误差，并自动加以补偿或调整机床工作状态，以提高机床的工作精度和稳定性。

随着纳米技术和微机电系统的迅速发展，开发加工微型零件的机床已经提到日程上来了。微型机床同时具有高速和精密的特点，最小的微型机床可以放在掌心之中，一个微型工厂可以放在手提箱中。操作者通过手柄和监视屏幕可以控制整个工厂的运作。

2. 五轴联动加工和复合加工机床快速发展

采用五轴联动对三维曲面零件进行加工，可用刀具最佳几何形状进行切削，不仅光洁度高，而且效率也大幅度提高。一般认为，1台五轴联动机床的效率可以等于2台三轴联动机床，特别是使用立方氮化硼等超硬材料铣刀进行高速铣削淬硬钢零件时，五轴联动加工可比三轴联动加工发挥更高的效益。但过去因五轴联动数控系统主机结构复杂等原因，其价格要比三轴联动数控机床高出数倍，加之编程技术难度较大，制约了五轴联动机床的发展。当前数控技术的发展，使得实现五轴联动加工的复合主轴头结构大为简化，其制造难度和成本大幅度降低，数控系统的价格差距缩小。因此五轴联动技术促进了复合主轴头类型五轴联动机床和复合加工机床的发展。

3. 新结构、新材料及新设计方法的发展

机床的高速化和精密化要求机床的结构简化和轻量化，以减少机床部件运动惯量对加工精度的负面影响，大幅度提高机床的动态性能。例如，借助有限元分析对机床构件进行拓扑优化，设计箱中箱结构以及采用空心焊接结构和使用铅合金材料等已经开始从实验室走向实用。

我国机床设计和开发手段要尽快从二维 CAD 向三维 CAD 过渡。三维建模和仿真是现代设计的基础，是企业技术优势的源泉。在此三维设计基础上进行 CAD/CAM/CAE/PDM 的集成，加快新产品的开发速度，保证新产品的顺利投产，并逐步实现产品生命周期管理。

4. 开放式数控系统的发展

目前许多国家对开放式数控系统进行了研究，数控系统开放化已经成为数控系统的未来之路。所谓开放式数控系统，就是数控系统的开发可以在统一的运行平台上，面向机床厂家和最终用户，通过改变、增加或剪裁结构对象(数控功能)，形成系列化，并可方便地将用户的特殊应用和技术诀窍集成到控制系统中，快速实现不同品种、不同档次的开放式数控系统，形成具有鲜明个性的名牌产品。目前开放式数控系统有三种形式：

(1) 全开放系统，即基于微机的数控系统，以微机作为平台，采用实时操作系统，开发数控系统的各种功能，通过伺服卡传送数据，控制坐标轴电动机的运动。

(2) 嵌入系统，即 CNC＋PC，CNC 控制坐标轴电动机的运动，PC 作为人机界面和网络通信。

(3) 融合系统，在 CNC 的基础上增加 PC 主板，提供键盘操作，提高人机界面功能。

开放式数控系统的体系结构规范、通信规范、配置规范、运行平台、数控系统功能库以及数控系统功能软件开发工具等是当前研究的核心。

5. 可重组制造系统的发展

随着产品更新换代速度的加快，专用机床的可重构性和制造系统的可重组性日益重要。通过数控加工单元和功能部件的模块化，可以对制造系统进行快速重组和配置，以适应变型产品的生产需要。机械、电气和电子、液体和气体，以及控制软件的接口规范化和标准化是实现可重组性的关键。

6. 虚拟机床和虚拟制造的发展

为了加快新机床的开发速度和质量，在设计阶段借助虚拟现实技术，可以在机床还没有制造出来以前，就能够评价机床设计的正确性和使用性能，在早期发现设计过程的各种失误，减少损失，提高新机床开发的质量。

1.1.3 数控技术的应用

从目前世界上数控技术及其装备应用来看，其主要应用领域有以下几个方面：

1. 制造行业

机械制造行业是最早应用数控技术的行业，它担负着为国民经济各行业提供先进装备的重任。目前主要应用有研制开发与生产现代化军事装备用的高性能五轴高速立式加工中心、五坐标加工中心、大型五坐标龙门铣等；汽车行业发动机、变速箱、曲轴柔性加工生产线上用的数控机床和高速加工中心，以及焊接、装配、喷漆机器人、板件激光焊接机和激光切割机等；航空、船舶、发电行业加工螺旋桨、发动机、发电机和水轮机叶片零件用的高速五坐标加工中心、重型车铣复合加工中心等。

2. 信息行业

在信息产业中，从计算机到网络、移动通信、遥测、遥控等设备，都需要采用基于超精技术、纳米技术的制造装备，如芯片制造的引线键合机、晶片光刻机等，这些装备的控制都需要采用数控技术。

3. 医疗设备行业

在医疗行业中，许多现代化的医疗诊断、治疗设备都采用了数控技术，如 CT 诊断仪、全身治疗机以及基于视觉引导的微创手术机器人，口腔医学中的正畸及牙齿修复等方面都需要采用高精度数控机床对牙齿进行加工生产。

4. 军事装备

现代的许多军事装备大量采用伺服运动控制技术，如火炮的自动瞄准控制、雷达的跟踪控制和导弹的自动跟踪控制等。

5. 其他行业

在轻工行业，有采用多轴伺服控制的印刷机械、纺织机械、包装机械以及木工机械等；在建材行业，有用于石材加工的数控水刀切割机，用于玻璃加工的数控玻璃雕花机，用于席梦思加工的数控行缝机和用于服装加工的数控绣花机；在艺术品行业，目前越来越多的工艺品、艺术品都会采用高性能的五轴加工中心进行生产。

1.2 数控系统总体构成及工作原理

1.2.1 数控系统总体构成

数控系统主要由软件系统和硬件系统构成，如图 1.1 所示。其中硬件系统主要包括：微机部分、外围设备部分、机床控制部分等。软件系统包括系统软件和应用软件，其中系统软件主要包括：输入数据处理程序、插补运算程序、速度控制程序、管理程序、诊断程序等。应用软件是其他公司开发、应用于数控软件系统的软件，主要包括 CAD、UG、PROE 等二维与三位设计软件。

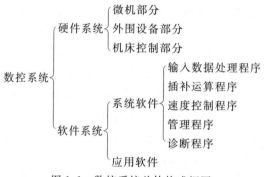

图 1.1　数控系统总体构成框图

1. 硬件系统

（1）微机部分是数控系统的核心，主要由 CPU、存储器和接口电路组成。其中，CPU 由运算器和控制器组成，而运算器主要实现对数据进行算术和逻辑上的运算。

（2）外围设备部分主要包括：操作面板、键盘、显示器、光电阅读机、纸带穿孔机和外部存储器等。针对不同的数控机床，其所配备的操作面板是不同的。一般的操作面板具有以下按钮和开关：

进给轴手动控制按钮——用于手动调整时移动各坐标轴；

主轴启停与主轴倍率选择按钮——用于主轴的启停与正、反转以及主轴调速；

自动加工启停按钮——用于自动加工过程的启动与停止；

条件程序段选择开关——用于选择条件程序段是否执行；

另外还有一些状态指示灯、报警装置等。

（3）机床控制部分，主要是通过对伺服机构的控制来实现对机床移动部件的控制，包括速度和位移的控制以及它们反馈装置的控制。

2. 软件系统

（1）输入数据处理程序：接收加工程序，对程序进行译码，对数据进行处理。加工程序给定的是待加工工件的轮廓，而实际上，应该控制刀具中心的运动轨迹。这就存在一个轮廓转换的问题。只要告诉系统所使用的刀具并将刀具相应的参数输入系统中，该转换工作由输入数据处理程序自动完成。

（2）插补程序：根据加工程序所提供的加工信息，如曲线的种类（直线、圆弧或其他曲线）、起终点（直线的起点、终点，圆弧的起点、终点及圆心）、加工方向（顺时针、逆时针），对这些信息进行插补运算，决定每一个脉冲到来时的移动方向及步长，以及曲线与曲线之间如何过渡等。

（3）速度控制程序：根据给定的速度值控制插补运算的频率，保证预定的进给速度，并能根据反馈值的正与负自动地调节速度的大小。

（4）管理程序：负责对数据输入、数据处理、插补运算等各种程序进行调度管理；对诸如面板命令、时钟信号、故障信号等引起的中断进行处理；子程序的调用；共享资源的分时享用等。

（5）诊断程序：通过识别程序中的一些标志符来判断故障的类型和所在地。

1.2.2 数控系统工作原理

数控系统是将机械加工过程中的各种控制信息用代码化的数字表示；通过信息载体输入数控装置；经运算处理由数控装置发出各种控制信号，控制机床的动作；按图纸要求的形状和尺寸自动将零件加工出来。其工作原理如图 1.2 所示。

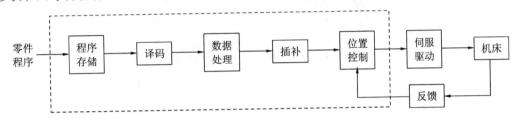

图 1.2 数控系统工作原理框图

（1）首先根据零件加工图样进行工艺分析，确定加工方案、工艺参数和位移数据。

（2）用规定的数控系统程序代码和格式规则编写零件加工程序，将这些程序输入在数据存储器中。

（3）通过译码器将标准程序格式翻译成便于计算机处理数据的格式，然后将所接收的信号进行一系列处理（数据处理、插补、位置控制）后，再将处理结果以脉冲信号形式向伺服系统发出执行的命令。

（4）数控车床伺服系统接到执行信息的指令后，立即驱动车床进给机构严格按照指令的要求进行位移，使车床自动完成相应零件的加工，同时，数控机床会将参数信息反馈到位移装置，对数控机床随时进行监测。

1.3 数控系统的分类

数控系统的分类方法很多，根据数控系统的运动形式、功能等，可大致从运动轨迹、加工工艺、伺服系统、功能水平等方面来进行分类。

1.3.1 按运动轨迹分类

1. 点位控制数控系统

如图 1.3 所示，这种控制系统控制工具相对工件从某一加工点移到另一加工点之间的精确坐标位置,而对于点与点之间移动的轨迹不进行控制,也即与所走的位置无关,且移动过程中不作任何加工。采用这种控制方式的设备主要有数控钻床、数控坐标镗床和数控冲床等。

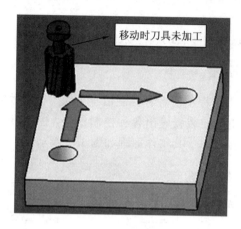

图 1.3　点位控制系统

2. 直线控制数控系统

如图 1.4 所示,这种控制系统控制工具相对于工件的移动不仅要控制点与点的精确位置,还要控制两点之间的移动轨迹是一条直线,且在移动中工具能以给定的进给速度进行加工。相对于点位控制数控系统,其辅助功能要求较多,如它可能被要求具有主轴转数控制、进给速度控制和刀具自动交换等功能。采用这种控制方式的设备主要有简易数控车床、数控镗铣床等。

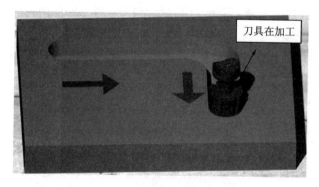

图 1.4　直线控制系统

3. 轮廓控制数控系统

如图 1.5 所示,这类系统能够对两个或两个以上坐标方向进行严格控制,即不仅控制每个坐标的行程位置,同时还控制每个坐标的运动速度。各坐标的运动按规定的比例关系相互配合，精确地协调配合，连续进行加工，以形成所需要的直线、斜线或曲线、曲面。

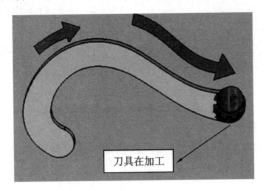

刀具在加工

图 1.5 轮廓控制系统

轮廓控制系统组成的数控机床通常又根据联合运动坐标轴数的不同分为 2 轴、2 周半、3 轴、4 轴和 5 轴等数控机床。图 1.6(a)所示为 4 轴数控机床，图 1.6(b)所示为 5 轴数控机床。

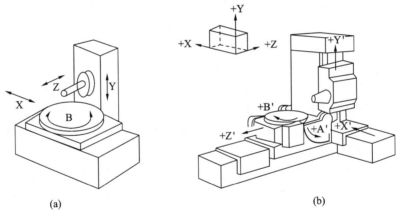

(a)   (b)

图 1.6 4 轴与 5 轴数控机床

1.3.2 按伺服系统分类

按照伺服系统的控制方式，可以把数控系统分为以下几类：

1. 开环控制数控系统

这类数控系统不带检测装置，也无反馈电路，以步进电动机为驱动元件，如图 1.7 所示。

数控机床装置输出的进给指令经驱动电路进行功率放大，转换为控制步进电动机各定子绕组依此通电、断电的电流脉冲信号，驱动步进电动机转动，再经机床传动机构带动工作台移动。这种方式控制简单，价格比较低廉。

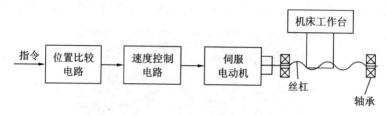

图 1.7　开环控制数控系统

2. 半闭环控制数控系统

位置检测元件被安装在电动机轴端或丝杠轴端，通过角位移的测量间接计算出机床工作台的实际运行位置（直线位移），如图 1.8 所示。

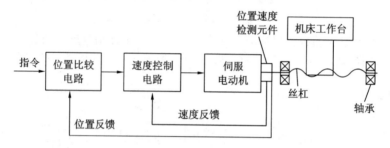

图 1.8　半闭环控制数控系统

由于闭环的环路内不包括丝杠、螺母副及机床工作台这些大惯性环节，由这些环节造成的误差不能由环路所矫正，其控制精度不如全闭环控制数控系统，但其调试方便，成本适中，可以获得比较稳定的控制特性，因此在实际应用中，这种方式被广泛采用。

3. 全闭环控制数控系统

位置检测装置被安装在机床工作台上，用以检测机床工作台的实际运行位置（直线位移），并将其与 CNC 装置计算出的指令位置（或位移）相比较，用差值进行调节控制，如图 1.9 所示。

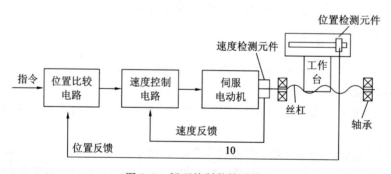

图 1.9　闭环控制数控系统

这类控制方式的位置控制精度很高，但由于它将丝杠、螺母副及机床工作台这些连接环节放在闭环内，导致整个系统连接刚度变差，因此调试时，其系统较难达到高增益，即容易产生振荡。

1.4　本课程内容及学习要求、学习方法

数控加工技术是数控技术与机械加工相融合的经典应用，本课程围绕该脉络，通过介绍数控机床组成及工作原理将控制技术与加工技术融合的思想展现在学习者面前，使读者在理解掌握数控加工技术的基础上，对于机电一体化装备等的设计思路也有一个基本的理解和认识。通过数控加工工艺内容，与前期机械制造基础课程实现衔接，并通过数控车削和数控铣削加工训练对前期所学设计与制造知识进行升华与拓展。训练过程涵盖了手工编程与自动编程两种编程方法，通过学与练环节的结合，既培养学生对基本加工指令的深刻理解和认识，又为复杂零件的自动编程加工打下良好的基础。

制造出合格产品是机械设计制造及自动化专业培养的根本目的，而数控加工技术承担着完成这一目的的后续综合任务。读者在前期完成工艺、机床、刀夹具等知识的学习与积累后，能否利用所学知识制造出合格的产品，需要利用数控加工技术的学习与实践，进一步完成知识的融会贯通，进行检验和升华。为此，从学习要求和学习方法来说，读者不仅要深刻领会本门课程的知识，多实践，多练习，而且要在实操过程中用心领悟，提高和培养对所学知识的综合应用能力。

本书内容是按照 64 学时进行编排的，使用者可以根据实际需要进行合理裁剪使用，我们的建议是，在课时安排较少的情况下，理论部分可以压缩讲解，但实践教学部分必须保证，可以考虑将压缩的理论内容融合在实践教学过程中进行。根据应用型知识传授主要以现场教学为主的特点，教学安排上建议 4 节连排，考试方式建议以实际制作取代传统理论考试方式，以学生最终上交所加工零件为考评依据，结合平时现场训练成绩给出这门课的总成绩，建议理论部分占总成绩比例不超过 10%。

第 2 章　数控机床典型零部件
及其工作原理

2.1　引　　言

　　数控机床是典型的机电一体化设备,自动化程度高、柔性好,其逻辑构成如图 2.1 所示。由图 2.1 可见,与普通机床相比,数控机床增加了计算机数控系统,该系统能够自动控制机床各运动部件的动作及其顺序,实现多坐标轴联动。因此,不仅能够加工复杂形面,而且能够通过加工程序的变化迅速适应不同形状工件的加工。那么,数控系统是如何实现对机械部分的控制呢?

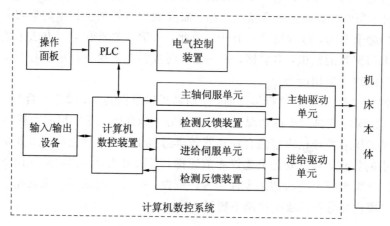

图 2.1　数控机床的逻辑构成

　　我们知道,传统机床由主运动部分,进给运动部分和机床支撑部分构成,而机床的运动则由电机拖动,在主运动与进给运动的配合下,完成各种零件轮廓面的加工。由此可见,数控系统对数控机床的控制首先是对电机运动的控制,其次,对于主运动与进给运动部分,某些典型零件,比如换刀装置部分等,又通过 PLC 等电子元件的配合完成其运动动作控制。本章将在探讨数控机床典型零部件的基础上,一定程度上揭示其数控工作原理。

2.2　主运动及进给运动速度的数控调节原理

　　加工零件时，机床需要经常调节主运动与进给运动的速度，以满足不同工艺的需要，传统普通机床的速度调节是通过减速器实现的。减速器通过多对齿轮啮合，借助齿轮传动比的变化将输入速度转换为不同的输出速度，这种方式不仅不能够实现无极调速，而且会产生较大噪声，耗能也较高。随着技术的进步，这种调速方式在数控机床上基本被淘汰，取而代之的是通过电机数控调速实现的无极调速方式，这就是我们通常说的伺服电机。

2.2.1　电机数控调速原理

　　为了说明伺服电机数控调节速度的原理，我们以直流电机的简单调速过程为例，如图 2.2 所示。图 2.2(a) 中右侧 Ea 为直流电机逻辑图，从图中可见，直流电机通过转子线圈在磁场中旋转产生的电磁力驱动进行旋转运动，通过转子线圈的电流越大，产生的电磁力越大，电机旋转速度也就越高。电流的大小可以通过电压 U 的大小进行调节。图 2.2(b) 中左侧电路中，电路电压为 U_s，将三极管 VT 作为开关，控制其通断，即可调整施加在电机两端的电压 U_d 的大小。

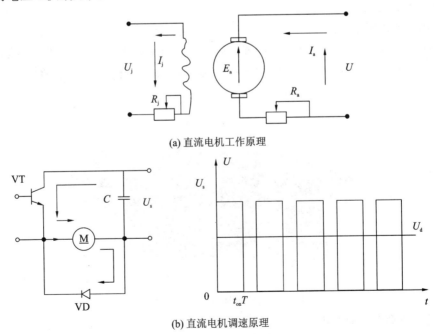

(a) 直流电机工作原理

(b) 直流电机调速原理

图 2.2　直流电机工作及调速原理示意

由图 2.2(b) 中右侧电压时间曲线可以看到，电压 U_d 是通过控制一个周期 T 内电路的通断得到的平均电压，t_{on}为一个周期内的电路接通时间，其长短决定着平均电压 U_d 的大小。我们知道，电路的通断对应着电平的高低，高低电平与计算机中的数字"0"、"1"相对应。正是通过这种方式，实现了电机速度的数字控制调节。

2.2.2　电机调速要求

除了要求无极调速外，为更大范围内适应工艺要求，数控机床用电机还要求调速范围足够宽。通常要求调速范围 R_n 在 100～10 000 之间，R_n 的计算如公式（2-1）所示，其中 n_{max}，n_{min} 分别表示能够输出的最大和最小转速。

$$R_n = \frac{n_{max}}{n_{min}} \tag{2-1}$$

2.3　主运动系统及其典型零部件

2.3.1　主轴驱动方式

根据电机拖动主轴的方式不同，主轴驱动方式有三种：齿轮驱动方式、同步齿形带驱动方式和直接驱动方式。

1. 齿轮驱动方式

齿轮驱动方式如图 2.3 所示，是传统普通机床常用的方式。电机经齿轮变速驱动主轴，属有级变速，变速范围小，切削速度的选择受到限制，结构较复杂，目前在数控机床上已经被淘汰。

图 2.3　机床主轴齿轮驱动方式示意

2. 同步齿形带驱动方式

同步齿形带驱动方式下，电机经齿形带驱动主轴，如图 2.4 所示，属于带轮驱动的一种。通过采用带齿的皮带可以更好保持传动比，以满足数控机床高传动精度的需要。该方式属于无级变速，结构简单、安装调试方便，最高转速可达 8000 r/min，且控制功能丰富，可满足中高档数控机床的控制要求。

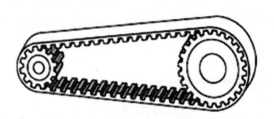

图 2.4　主轴同步齿形带驱动方式示意

3. 直接驱动方式

直接驱动方式取消了电机与主轴之间的传动装置，将主轴与电机转子合为一体，如图 2.5 所示，属于主轴驱动新技术。

该方式的优点是主轴部件结构紧凑、重量轻、惯量小，可提高启、停响应特性，利于控制振动和噪声。转速高，可达 200 000 r/min。

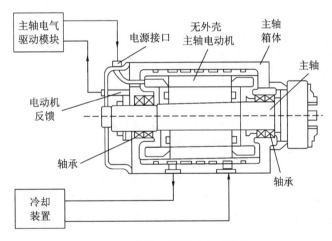

图 2.5　主轴直接驱动方式示意

该方式的缺点是电机运转产生的振动和热量将直接影响到主轴，因此，主轴组件的整机平衡、温度控制和冷却是该技术能否满足要求的关键问题。

2.3.2　典型主轴部件及其工作原理

1. 典型主轴部件

主轴的作用表现在两个方面，即夹持工件或刀具，传递运动及动力。为了保证主轴能够很好地完成其功能，首先要求主轴精度要高，而且不仅要有高的运动精度，在安装刀具或工件时还必须具有较高的定位精度。其次，要能够可靠装夹刀具或工件，具有较好的刚度和抗振性。

主轴通常由轴、支承、传动零件、刀具的自动装夹装置、工件的装夹装置、主轴的准停装置、主轴孔的清理装置及辅助零部件等构成。图 2.6 所示是一种带有刀具自动装夹装置的典型主轴部件。

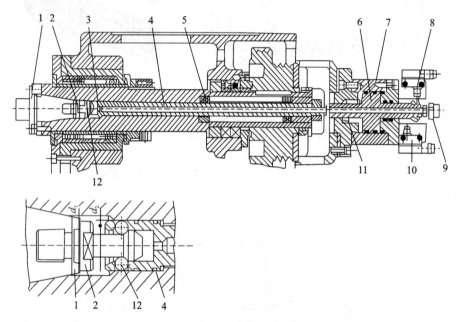

JCS—018 加工中心的主轴部件
1—刀架；2—拉钉；3—主轴；4—拉杆；5—碟形弹簧；6—活塞；7—液压缸；8、10—行程开关；
9—压缩空气管接头；11—弹簧；12—钢球
图 2.6　带有刀具自动装夹装置的典型主轴部件

具有自动装卸刀具功能的主轴部件，部件需要具备完成自动取刀和装刀动作的能力，而且，还需要能够自动清理刀具安装部位的切屑等杂质，以避免其对刀具装夹可靠性的影响。因此，其结构比较复杂。

从工作原理角度讲，图 2.6 所示的主轴为了完成一次刀具的自动交换，在数控系统的控制下，大概可以划分为三个工作步骤：第一步为刀具的松开取下过程。当数控系统发出换刀指令后，图中的液压缸 7 右腔进油，活塞 6 左移，推动拉杆 4 克服弹簧 5 的作用左移，带动钢球 12 移至大空间，钢球失去对拉钉 2 的作用，此时拉杆触发行程开关 10，发出信号，数控系统指挥机械手取下刀具。第二步为吹扫装刀部位，清除杂质。机械手取刀后，相应行程开关触发，将信号传给数控系统，数控系统发出指令，启动空压机，打开压缩管空气管接头 9，吹扫装刀部位，并启动计时器计时。第三步为安装新刀，完成一次换刀。经过一定时间吹扫后，计时器传输信号给数控系统，数控系统发出装刀指令，机械手装新刀，刀具安装到位后，机械手触发相应行程开关，传出信号，数控系统再次发出指令，液压缸右腔回油，拉杆 4 在碟形弹簧 5 的作用下复位，拉杆带动拉钉右移至小直径部位，通过钢球 12 将拉钉卡死，直至拉杆触发行程开关 8，发出信号，换刀完成。

2. 主轴准停装置

当主轴部件执行自动换刀指令时，需要将主轴准确地停止在固定的周向位置上，这个动作成为主轴的准停，而完成该动作的装置成为主轴准停装置。

主轴准停装置根据工作原理不同，有接触式和非接触式等。接触式多为机械执行机构，由于容易磨损，影响功能实现的可靠性，因此使用中逐渐被非接触式取得。图 2.7 给出了一种非接触式准停装置工作原理示意图。

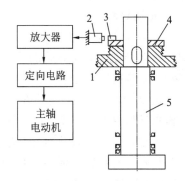

图 2.7 中，在带动主轴旋转的多楔带轮 1 的端面上装有一个厚垫片 4，垫片上装有永久磁铁 3。在主轴箱的准停位置上装有磁传感器 2。当数控系统发出准停指令，主轴电动机立即降速，当永久磁铁 3 对准磁传感器 2 时，传感器发出准停信号。此信号经放大后，由定向电路控制主轴电机准确地停止在规定的周向位置上。

1—多楔带轮；2—磁传感器；
3—永久磁铁；4—垫片；5—主轴

图 2.7　非接触式准停装置工作原理示意

2.4　进给运动系统及其典型零部件

2.4.1　导轨

导轨在数控机床上起支撑和导向作用，为保证工件加工质量，导轨要具有足够的刚度和强度，导向精度和灵敏度要高，低速平稳性要好，高速时不振动，且应具有良好的精度保持性。

导轨分为滑动导轨、滚动导轨、静压导轨等种类，各有其特点和优劣，应根据不同使用要求选择应用。

1. 滑动导轨

滑动导轨具有结构简单、制造方便、刚度好、抗振性高等优点，在实际中应用比较广泛。根据其截面形状的不同，分为三角形、矩形、燕尾形、圆形等种类。图2.8为一种圆形截面滑动导轨结构示意图。

由于滑动导轨为面接触滑动摩擦形式，容易磨损，图 2.8　圆形截面滑动导轨结构示意为此，人们研制了塑料滑动导轨，利用塑料的良好摩擦特性、耐磨性及吸振性等特点，提高导轨运动性能，减少磨损。

根据塑料滑动导轨的使用方式，通常有贴塑导轨和注塑导轨两种。贴塑导轨所用塑料以聚四氟乙烯为基体，加入青铜粉、二硫化钼、石墨及铅粉等混合而成。其外形为塑料软带，使用时通过胶合剂将其粘接在与床身导轨相配的滑动导轨上。注塑导轨所用塑料以环氧树脂为基体，加入二硫化钼和胶体石墨及铅粉等混合而成。制造时，通过将其注入在定、动导轨之间的方法制成。

2. 滚动导轨

为提高导轨运动性能及耐磨性，通过在导轨工作面之间放置滚珠、滚柱或滚针等滚动体形成滚动导轨。滚动导轨的优点是摩擦系数小，运动轻便，位移精度和定位精度高，耐磨性好；缺点是抗震性较差，结构复杂，防护要求较高。

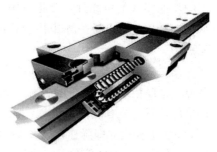

滚珠导轨易制造，成本低，但点接触导致刚度低，承载能力小，适合小载荷机床；滚柱导轨承载能力大于滚珠导轨，但对导轨面平行度要求高，滚珠易侧滑和偏移，加剧磨损，降低精度；滚针导轨承载能力更大，但摩擦系数也大，适合尺寸受限场合。图2.9给出了一种滚柱型滚动导轨结构示意图。

图 2.9 滚柱型滚动导轨结构示意

3. 静压导轨

静压导轨是通过在导轨工作面间通入一定压强的润滑油，形成油膜液体摩擦而进行工作的。由于是纯液体摩擦，工作时摩擦系数极低（$f=0.0005$），因此具有导轨运动时不受负载和速度的限制，低速时移动均匀，无爬行现象；刚度和抗振性好，承载能力强；发热小，导轨温升小等优点。其缺点是多了一套液压系统，油膜厚度难以保持恒定不变。静压导轨的工作原理如图2.10所示。

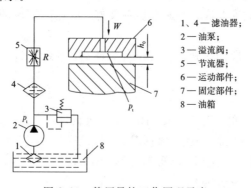

1、4—滤油器；
2—油泵；
3—溢流阀；
5—节流器；
6—运动部件；
7—固定部件；
8—油箱

图 2.10 静压导轨工作原理示意

由于静压导轨结构复杂，成本高，其使用范围多限于大型、重型数控机床上。

2.4.2　数控回转工作台

根据数控机床联动坐标轴数目的不同，人们常常将数控机床分为 2 轴、3 轴、4 轴、5 轴机床等种类。4 轴以上的数控机床必须包含有旋转轴，而旋转轴的连续回转运动正是通过数控回转工作台实现的。

1. 工作原理

作为数控机床联动坐标轴之一，必须在指令控制下，实现连续回转功能。为说明其工作原理，以图 2.11 所示的开环数控工作台为例，其他类型数控工作台工作原理与其类似。

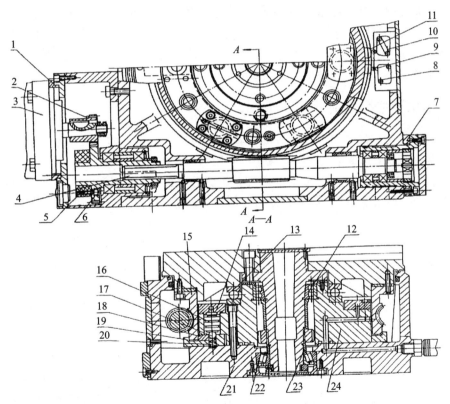

1—偏心环；2、6—齿轮；3—步进电机；4—蜗杆；5—橡胶套；7—调整环；8、10—微动开头；9、11—挡块；
12—双列短圆柱滚子轴承；13—滚珠轴承；14—油缸；15—蜗轮；16—柱塞；17—钢球；18、19—夹紧瓦；
20—弹簧；21—底座；22—圆锥滚子轴承；23—调整套；24—支座

图 2.11　开环数控回转工作台

从图 2.11 中可以看出，工作台在步进电机 3 的带动下，经过齿轮副 2、6 和蜗轮副 4、15 实现运动。数控系统通过对步进电机的控制，实现对工作台的联动控制要求。

图 2.11 中所示的数控工作台不仅可以实现连续回转运动,而且可以根据要求实现分度运动。分度运动需要在相应位置夹紧工作台,该功能是通过图中的油缸 14,柱塞 16,钢球 17 及夹紧瓦 18、19 实现的。夹紧时,油缸 14 上腔进压力油,柱塞 16 下移,通过钢球 17 推动夹紧瓦 18 和夹紧瓦 19 配合将蜗轮夹紧,从而将工作台夹紧。

2. 精度处理

为保证数控回转工作台的运动精度,图 2.11 中采用了消除间隙装置和调"0"装置。

消除间隙通过偏心环 1 和调整环 7 实现。偏心环 1 用来消除齿轮 2 和齿轮 6 的啮合间隙;调整环 7 则用以消除蜗杆 4 和蜗轮 15 之间的啮合间隙。

调"0"装置是为了消除累积误差而设置的工作台位置零点。当需要工作台再次回到零点位置时,通过调"0"控制,先由挡块 11 压合微动开关 10,发出从快速回转变为慢速回转信号,工作台慢速回转,再由挡块 9 压合微动开关 8 进行第二次减速,然后由无触点行程开关发出从慢速回转变为点动步进信号,最后使步进电机停在某一固定通电相位上,从而使工作台准确地停在零点位置上。

2.4.3　滚珠丝杠螺母副

滚珠丝杠螺母副的作用是将电机的回转运动转换为工作台的直线运动。通过在丝杠、螺母之间放入滚珠,形成滚动摩擦,减小摩擦阻力、提高传动效率。

滚珠丝杠螺母副的优点是传动效率高,摩擦阻力小、运动平稳无爬行,传动精度高,精度保持性好,使用寿命长,具有运动可逆性。其缺点是结构复杂,制造成本高,不能实现自锁。

1. 循环方式

根据滚柱与丝杠在相互运动过程中的位置情况,通常将滚珠在丝杠螺母副中的运动分为外循环方式和内循环方式。

外循环方式指滚珠在运动过程中有时与丝杠脱离接触的情况,如图 2.12 所示。

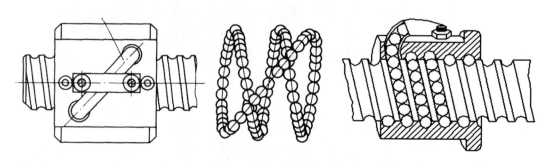

图 2.12　滚珠丝杠螺母副的外循环方式

由图 2.12 可见，外循环方式的滚珠丝杠螺母副设计有外圆螺旋形插管，引导滚珠形成循环，滚珠在循环过程中形成封闭单链条。这种循环方式设计简单，工艺性好，承载能力较高，适合重载传动系统，应用广泛。其缺点是径向尺寸大，占用较大空间。

对于内循环方式来说，滚珠在运动过程中始终与丝杠保持接触。为了让滚珠构成封闭循环链条，在外侧螺母上设计了反向器，通过反向器引导滚珠越过丝杠螺纹顶部进入相邻滚道，使滚珠运动过程中形成封闭循环链条。与外循环单个封闭链条不同，内循环形成多条封闭循环链条，称为列，如图 2.13 所示，反向器数目与列数相等。

内循环式滚珠丝杠螺母副的优点是结构紧凑，刚性好，滚珠流动性好，摩擦损失小。

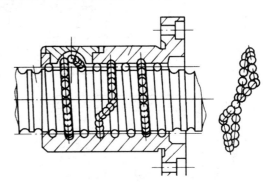

图 2.13　滚珠丝杠螺母副的内循环方式

缺点是制造困难。该方式应用场合适合高灵敏度、高精度进给系统，但不适合重载传动系统。

2. 预紧

丝杠和螺母间无相对转动时，二者之间产生的轴向窜动量将影响加工精度。因此，必须采取措施，提高滚珠丝杠螺母副的轴向刚度，消除正反两个方向的运动过程中形成的丝杠与螺母之间的轴向间隙。

常用预紧方式消除滚珠丝杠螺母副的轴向间隙，预紧时，需要采用双螺母结构，利用两个螺母的相对轴向位移，使每个螺母中的滚珠分别接触丝杠滚道的左右两侧。预紧力一般应为最大轴向负载的 1/3。当要求不太高时，预紧力可小于此值。

根据作用原理不同，预紧方式可以分为双螺母垫片式预紧、双螺母螺纹式预紧和齿差式预紧等方式，分别如图 2.14(a)、(b)、(c) 所示。

图 2.14(a) 为双螺母垫片式预紧，通过修磨垫片的厚度来调整轴向间隙。这种调整方法具有结构简单可靠，刚性好，装卸方便等优点。其缺点是调整费时，很难在一次修磨中完成调整。

图 2.14(b) 所示的双螺母螺纹式预紧方式中，设计有两个靠平键与外套相连的锁紧螺母，利用一个螺母上的外螺纹，通过调整螺母使螺母相对丝杠作轴向移动实现预紧，间隙消除后用另一个圆螺母将其锁紧。这种调整方法具有结构紧凑、工作可靠、调整方便等优点，应用较广。缺点是调整位移量不易精确控制，导致预紧力大小也不能准确控制。

图 2.14(c) 为齿差式预紧方式，在两个螺母的凸缘上各制有圆柱外齿轮，分别与固紧在套筒两端的内齿圈相啮合，其齿数不同，分别为 Z_1、Z_2。调整时，先取下内齿圈，让两个螺母相对于套筒同方向都转动一个齿，然后再插入内齿圈，则两个螺母便产生相对角位移。

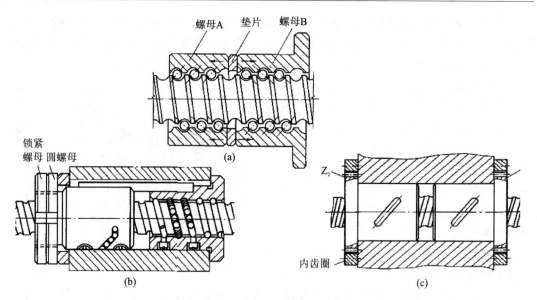

图 2.14　滚珠丝杠螺母副的预紧方式

两螺母间的相对角位移使得丝杠螺母副产生轴向位移 S，对于导程为 P_h 的丝杠螺母副 S 的计算如式（2－2）

$$S = \left(\frac{1}{Z_1} - \frac{1}{Z_2} \right) P_h \qquad (2-2)$$

2.4.4　零传动进给系统

由上可见，采用滚珠丝杠螺母副作为运动变换机构的进给运动驱动方式，由于中间传动环节的存在，首先使刚度降低，易产生弹性变形而使数控机床产生机械谐振，降低其伺服性能；其次，中间传动环节增加了运动惯量，使得位移和速度响应变慢；另外间隙死区、摩擦、误差积累等因素的存在，导致不能够采用更高的进给速度和加速度，难以满足数控机床向高速和超高速加工发展的需要。为此，人们类比主运动的直接驱动方式，将直线电机引进数控机床进给运动拖动系统，取消了从电机到工作台之间的传动装置，把机床进给传动链的长度缩短为零，实现了"零传动"方式。

直线电机可以看成是一台旋转电机按径向剖开，并展成平面而成，如图 2.15 所示。由定子演变而来的一侧称为初级，由转子演变而来的一侧称为次级。在实际应用时，将初级和次级制造成不同的长度，可以是短初级长次级，也可以是长初级短次级，一般多采用短初级长次级。

对于初级固定的直线电机来说，在工作时初级绕组通入交流电源产生行波磁场，次级在磁场作用下产生感应电动势并产生电流，该电流与磁场互相作用产生电磁推力，推动次级作直线运动。如果次级固定，则初级作直线运动。

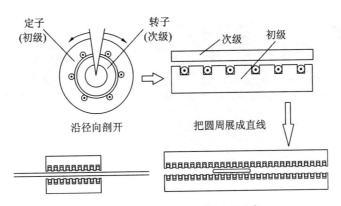

图 2.15　直线电机的工作原理示意

　　直线电机不仅能够满足数控机床高速加工要求，而且具有运动安静、噪音低，机械摩擦能耗低、效率高等优点，带来了传统传动形式无法达到的性能指标和优点。

2.5　自动换刀系统

　　自动换刀的作用就是储备一定数量的刀具并完成刀具自动交换，其目的是为了提高生产率，缩短非切削时间。为此，要求刀具储存量足够，结构紧凑，布局合理，刀具重复定位精度高，换刀时间尽可能短；此外，还需要高的刚度以避免冲击、振动、噪声以及防屑、防尘等装置。

　　要实现自动换刀功能，除了前面所述数控机床主轴部件需要相关结构外，还需要存储刀具的刀库、刀具识别装置等组成部分。

2.5.1　自动换刀方式

　　根据实现原理的不同，自动换刀有回转刀架换刀、更换主轴头换刀、带刀库自动换刀等方式。

　　回转刀架换刀工作原理类似分度工作台，通过刀架定角度回转实现新旧刀具的交换，如图 2.16(a)所示。更换主轴头换刀方式时首先将刀具放置于各个主轴头上，通过转塔的转动更换主轴头从而达到更换刀具的目的，如图 2.16(b)所示。这两种方式设计简单，换刀时间短，可靠性高。其缺点是储备刀具数量有限，尤其是更换主轴头换刀方式的主轴系统的刚度较差，所以仅仅适应于工序较少、精度要求不太高的机床。

　　带刀库自动换刀方式由刀库，选刀系统，刀具交换机构等部分构成，结构较复杂。该方法虽然有着换刀过程动作多，设计制造复杂等缺点，但由于其自动化程度高，因此在加工工序比较多的复杂零件时，被广泛采用。

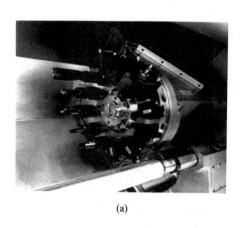

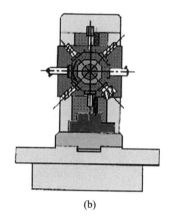

(a)　　　　　　　　　　　　　　　　　(b)

图 2.16　自动换刀方式示意

2.5.2　带刀库自动换刀

使用带刀库自动换刀方式时，首先将刀具放置在刀库中，然后在需要时能够快速选择到所需要的刀具。因此，该方法不仅要有事先存放刀具的刀库，而且要具有从刀库中选择刀具的功能。

通常，系统提供的刀具选择方式有两种，分别是顺序选刀和随机选刀。顺序选刀方式最简单，加工之前按照各工序使用刀具的先后顺序将刀具在刀库中放置好，通过刀库的顺序转位实现刀具交换。但这种方式在加工工件变动时，需重新排列刀具顺序，操作麻烦，容易出错，因此逐渐被自动选刀系统代替。自动选刀系统设计的关键是编码方式和刀具识别技术。

1. 刀库形式

刀库的作用是事先放置刀具，供加工时选用。根据形状的不同，通常设计为盘形、链式和格子箱式等，如图 2.17 所示。

图 2.17　刀库的形状

2. 编码方式

任意选刀方式需要对刀具进行自动识别。为此，数控系统需要以一定的编码方式对刀具进行区分和记忆。编码采用二进制，通常根据编码机构位置的不同分为刀具编码和刀套编码两种方式。

　　刀具编码方式将编码设计在刀具的刀柄部分，通常为专用的编码环，如图 2.18 所示，通过编码环的大小不同来代表 0、1 不同的数字，多个环放置在一起构成刀具的编码信息。刀套编码原理与刀具编码类似，不同的是采用编码条形式，将用于识别刀具安装位置的编码条设计在安装刀具的刀套上。

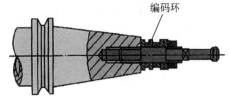

图 2.18　刀具编码方式所用的编码环

3. 刀具识别方式

　　无论是刀具编码还是刀套编码，其作用都是为每把刀具指定唯一的代码，方便在使用时能够快速找到，并可以在不同的工序中多次重复使用。图 2.19 为采用刀套编码时识别刀具的示意图。

　　当采用刀套编码形式时，刀具的识别通过刀套实现，因此从一个刀套中取出的刀具必须放回同一刀套中，取送刀具十分麻烦。而采用刀具编码的系统，虽然不要求必须将换下的刀具放回原刀套，但刀柄的特殊结构导致刀具长度加长，制造困难，也使得刀库和机械手的结构变得复杂。

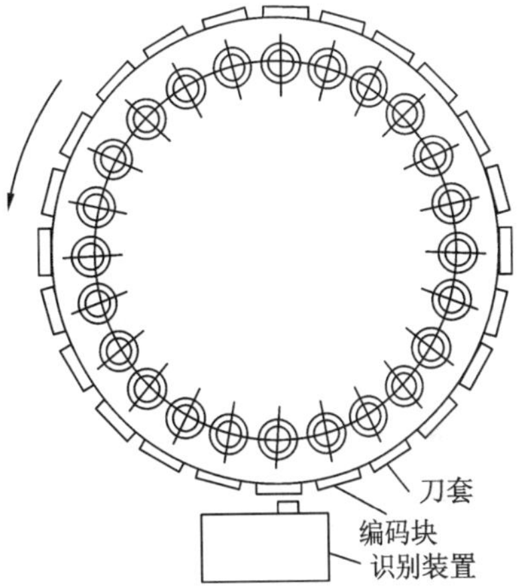

　　此外，刀套编码仍然需要按一定顺序将刀具放入刀套中，并没有真正解决问题。因此，加工中心上大量使用的方式是对刀具和刀套都进行编码，通过将刀具号与刀套号的对应记忆并存储在寄存器中，从而真正实现了刀具的任意取出和送回，该方式成为刀具的随机选择方式。

图 2.19　刀套编码方式下刀具的识别

　　根据识别装置是否与编码块接触，刀具的识别方式分为接触式和非接触式，如图 2.20 所示。

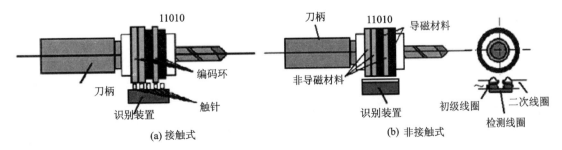

(a) 接触式　　　　　　　　　　(b) 非接触式

图 2.20　刀具识别方式

接触式刀具识别装置通过触针与刀具编码对应，随着刀库的旋转，当所需的刀具到达识别位置，触针读出与加工要求一致的刀具编码，由控制装置发出信号，使刀库停转，等待换刀。接触式刀具识别结构简单，但磨损导致寿命较短，而且可靠性较差，难于实现快速选刀要求。

非接触式又根据工作原理的不同，分为磁性识别和光电识别两种。图2.20中所示为磁性识别方式，当初级线圈5中输入交流电压时，如编码环为导磁材料，则磁感应较强，在二次线圈7中产生较大的感应电压。否则无感应电压，由此产生读取到的刀具编码信息。由于不与编码块直接接触，因而无磨损、无噪声、寿命长、反应速度快。适应于高速、换刀频繁的工作场合。

第 3 章　数控加工工艺及应用

3.1　引　　言

数控机床的加工工艺与通用机床的加工工艺有许多相似之处，但数控技术的应用与发展使机械加工的全过程产生了较大的变化。数控机床加工零件是按编写的数控程序进行自动加工的，因此编程是关键，数控程序包含了零件加工中的工艺过程，所以程序设计人员必须掌握数控加工工艺，否则无法全面、正确、合理地编制零件的加工程序。

程序编制人员在程序编制工作的开始阶段首先要对加工零件进行工艺分析，要有机床说明书、编程手册、切削用量表、标准工具、夹具手册等资料，根据被加工工件的材料、轮廓形状、加工精度等选用合适的机床，制定加工方案，确定零件的加工顺序，各工序所用刀具、夹具和切削用量等。此外，编程人员应不断总结、积累工艺分析方面的实际经验，编写出高质量的数控加工程序，保证加工出符合图样要求的合格零件，并使数控机床的功能得到合理的应用和充分的发挥，保证数控机床安全、可靠和高效地工作。

3.1.1　数控加工工艺的特点

工艺规程是加工时的指导文件。在普通机床上加工零件时，操作者根据工艺规程和工序卡上规定的加工内容，根据实际情况自行考虑和确定机床部件运动的次序、位移量、走刀路线等，采用手工操作的方式完成零件的加工；而在数控机床上加工零件时，是按事先编制好的加工程序对零件进行自动加工，加工的全过程是按程序指令自动进行的，因此，要求编程人员应把全部加工工艺过程、工艺参数和位移数据等制成程序，记录在控制介质上，用来控制机床加工。可见，由于控制方式的差异，数控加工程序与普通机床工艺规程有较大差别，这种差异使数控加工工艺形成了以下两个特点：

（1）数控加工工艺的内容十分具体。

普通机床加工工件时，工序卡片的内容比较简单。工步的划分与安排、走刀路线、切削路线等很大程度上都是操作者根据实践经验和习惯自行考虑和决定的，一般无需工艺人员在设计工艺规程时作详细规定。而在数控加工时，每个动作、每个参数都必须由编程人员编入加工程序中，以控制数控机床自动完成数控加工。这样，本来由操作者在加工中灵活掌握并可适当调整的许多工艺问题，在数控加工中就变为编程人员必须事先具体设计和安排的内容了。

（2）数控加工工艺的设计十分严密。

数控机床虽然自动化程度较高，但自适应性差。它不可能对加工中出现的问题自由地进行调整，尽管现代数控机床在自适应性调整方面作了不少改进，但自由度不大。例如，在数控机床上攻螺纹时，它就不知道孔中是否挤满了切屑，是否需要退一次刀待清除切屑后再进行加工。因此，数控加工工艺的设计必须注意到加工中的每一个细节，考虑要十分严密。尤其是对图形进行数学处理、计算和编程时一定要力求准确无误，以免造成重大机械事故和质量事故。

大量实践证明，数控加工中出现的差错和失误有很大一部分是因为工艺设计时考虑不周或计算与编程时粗心大意，因此，编程人员必须具备扎实的工艺基本知识和丰富的实际工作经验，并且具有严谨的工作作风和高度的工作责任感。

3.1.2　数控加工的对象

数控机床的应用范围正在不断扩大，但并不是所有的零件都适宜在数控机床上加工。零件的加工具体是采用数控机床加工，还是采用普通或专用机床加工，与被加工零件本身的复杂程度、生产批量和加工成本有关。简单地说，是否采用数控机床进行加工，主要取决于零件的复杂程度；是否采用专用机床进行加工，主要取决于零件的生产批量，如图3.1所示。不同类型的机床，随着被加工零件的生产批量的变化，其生产成本的变化幅度也呈现出不同的趋势，总体来说，随生产批量的增加，普通机床的生产成本增加幅度最大，专用机床次之，数控机床最小，如图3.2所示。而这些因素都会影响到数控机床加工内容的确定。根据数控机床的特点及大量的应用实践，一般按适应程度将被加工零件分为以下三类。

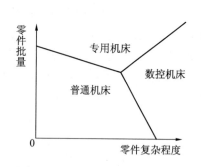

图 3.1　生产批量及零件复杂程度与机床选择的关系

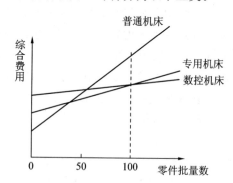

图 3.2　不同机床生产成本与生产批量的关系

1. 最适应类

（1）形状复杂，加工精度要求高，用普通机床无法加工或虽然能加工但很难保证质量的零件。

（2）用数学模型描述具有复杂曲线或曲面轮廓的零件。

（3）具有难测量、难控制进给、难控制尺寸的内腔型壳体类零件或盒型零件。

（4）必须在一次装夹中完成铣、镗、锪、铰或攻螺纹等多道工序的零件。

上述零件是数控加工的首选零件，确定方案时，可以先不要过多地考虑生产率与经济上是否合理，而应考虑加工出来的可行性。只要有可能，应把采用数控加工作为首选方案。

2．较适应类

（1）在普通机床上加工易受人为因素（如操作者技术水平高低、情绪波动等）干扰，零件价值高，一旦出现质量问题会造成重大经济损失的零件。

（2）在普通机床上加工时，必须设计和制造复杂的专用工装的零件。

（3）尚未定型（试制中）的产品零件。

（4）在普通机床上加工需要作长时间调整的零件。

（5）在普通机床上加工时，生产率很低或劳动强度很大的零件。

上述零件在分析加工可行性的基础上，还要综合考虑生产效率和经济性。一般情况下可将它们作为数控加工的主要选择对象。

3．不适应类

（1）生产批量较大的零件（不排除其中个别工序用数控机床加工）。

（2）装夹困难或完全靠找正定位来保证加工精度的零件。

（3）加工余量很不稳定，且数控机床上无在线检测系统自动调整工件坐标位置的零件。

（4）必须用特定工艺装备协调加工的零件。

上述零件如采用数控机床加工，在生产效率、经济性上无明显优势，有些情况还会造成数控设备的精度下降，因此，一般不作为数控加工的选择对象。

3.1.3　数控加工内容的选择

在分析零件精度、形状及其他技术条件的基础上，应考虑零件是否适合于在数控机床上进行加工以及选择什么类型的数控机床加工。通常，考虑是否选择在数控机床上加工的因素是，零件的技术要求能否保证，对提高生产率是否有利，经济效益是否好。一般来说，零件的复杂程度高、精度要求高、品种多、批量小的生产，采用数控机床加工能获得较高的经济效益。

当选择并确定某个零件进行数控加工后，并不是要把所有的加工内容都包下来，应结合本单位的实际，立足于解决难题、攻克关键技术和提高生产效率，充分发挥数控加工的优势。在选择数控加工的内容时，一般可按下列顺序考虑：

（1）通用机床无法加工的内容应作为优先选择的内容；

（2）普通机床难以加工、质量也难以保证的内容，作为数控加工重点选择的内容；

（3）普通机床加工效率低、工人操作劳动强度大的内容，可在数控机床尚存在富余能力的基础上进行选择，即可考虑在数控机床上加工。

通常情况下，上述加工工序采用数控加工后，产品的质量、生产率与综合经济效益等指标都会得到明显的提高，与上述内容比较，下列一些内容则不宜选择采用数控机床加工：

(1) 需要通过较长时间占机调整的内容，如以毛坯的粗基准定位来加工第一个精基准的工序等。

(2) 加工余量大而又不均匀的粗加工工序。

(3) 必须按专用工装协调的加工内容，主要原因是采集编程用的资料有困难，协调效果也不一定理想，并且易与检验依据发生矛盾，增加编程难度的加工内容。

(4) 加工部位分散，需要多次安装、设置原点，这时，采用数控加工很麻烦，效果不明显，可安排在普通机床中进行补加工。

此外，在选择数控加工内容时，也要考虑生产批量、生成周期、生产成本和工序间周转情况、生产均衡等因素；还要注意充分发挥数控机床的效益，做到优质、高产和高效，避免把数控机床当作普通机床使用。

3.1.4 数控加工工艺的主要内容

虽然数控加工工艺内容较多，但有些内容与普通机床加工工艺非常相似。数控加工工艺概括起来主要包括如下内容：

(1) 选择适合在数控机床上加工的零件，确定数控机床加工内容。

(2) 分析被加工零件的图纸，明确加工内容及技术要求。

(3) 确定零件的加工方案，设计数控加工工艺路线。如划分工序、安排加工顺序以及处理数控加工工序与普通工序的链接等。

(4) 设计数控加工工序，如选择零件的定位基准与夹具、划分工步、规划走刀路线、选取刀具辅具和切削用量等。

(5) 数控加工程序的调整，如选取对刀点和换刀点，确定刀具补偿。

(6) 分配数控加工中的容差。

(7) 编制数控加工工艺文件。

3.2 数控加工工艺分析

工艺分析是对零件进行数控加工的前期工艺准备工作。若工艺分析考虑不周，往往会造成工艺设计不合理，从而引起编程工作反复，工作量增加，有时还会发生推倒重来的现象，造成一些不必要的损失，严重者甚至还会造成数控加工差错。因此，编程员在编程前要对被加工零件的图样进行加工工艺分析，拟定加工方案，确定加工顺序和走刀路线，选择合适的刀具及确定切削用量等。处理好这些工艺问题后，编写加工程序就仅仅是将零件的加工工艺过程转换成数控程序代码的一项具体工作了。

数控加工工艺涉及面广、影响因素多，因此，在对零件进行加工工艺分析时，应充分考虑数控机床的加工特点，从数控加工产品的零件图工艺分析与结构工艺分析两部分进行。

3.2.1　零件图工艺分析

首先应熟悉零件在产品中的作用、位置、装配关系和工作条件，搞清楚各项技术要求对零件装配质量和使用性能的影响，找出主要的和关键的技术要求，然后对零件图样进行分析。

1. 零件图中的尺寸标注方法分析

工件用数控方法加工时，其工艺图样上的尺寸标注方法应考虑到数控加工及编程的需要，应与数控加工的特点相适应。通常，设计人员在标注尺寸时应考虑装配与使用特性方面的因素，常采用局部分散的标注方法。如图 3.3(b)所示的箱体零件的孔系尺寸标注，是以孔距作为主要标注形式的，可以减少累积误差，满足性能及装配要求。而在数控加工中，这种标注方式给工序安排与数控编程带来许多不便，因此，宜将局部分散的标注方法改为同一基准标注法。如图 3.3(a)所示，同一基准标注方法是以同一基准引注尺寸或直接给出坐标尺寸，既便于编程，也便于尺寸之间的相互协调，保持了设计、工艺、测量基准与编程原点的统一，适应数控加工的特点，而且，由于数控加工精度及重复定位精度都很高，不会因产生较大的累积误差而破坏零件的使用特性。

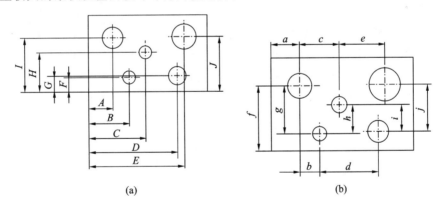

(a)　　　　　　　　　　　　　　　(b)

图 3.3　零件尺寸标注方法

2. 构成零件轮廓的几何元素条件分析

构成零件轮廓的几何元素(点、线、面)的形状与位置尺寸(如直线的位置、圆弧的半径、圆弧与直线是相切还是相交等)是数控编程的重要依据。手工编程时，需根据它们计算出每一个节点的坐标；自动编程时，需依据它们对构成轮廓的所有几何元素进行定义。如某一条件不明确，编程将无法进行。因此，应认真仔细分析零件图，如果发现条件不明确等问题，应及时与设计人员协商解决。

3. 零件的技术要求分析

零件的技术要求主要是指尺寸精度、形状精度、位置精度、表面粗糙度及热处理等。这些要求在保证零件使用性能的前提下，应经济合理。过高的精度和表面粗糙度要求会使工艺过程复杂、加工困难、成本提高。

4. 零件材料分析

在满足零件功能的前提下，应选用廉价、切削性能好的材料。而且，材料选择应立足国内，不要轻易选用贵重或紧缺的材料。

3.2.2　零件的结构工艺分析

零件的结构工艺性是指所设计的零件在满足使用要求的前提下制造的可行性和经济性。良好的结构工艺性，可使零件易于加工，节省工时和材料。而较差的结构工艺性，会使零件加工困难，浪费工时和材料，有时甚至会使零件无法加工。作为设计员和工艺员应了解数控加工的特点，从机械产品设计、制造的角度审查零件的数控加工的结构工艺性，对传统的普通机械设计方案的结构工艺性重新进行评价，使之达到最佳水平，充分发挥数控机床的性能。因此，零件各加工部位的结构工艺性应符合数控加工的特点：

（1）零件的内腔和外形最好采用统一的几何类型和尺寸。这样可以减少刀具规格和换刀次数，使编程方便，生产效益提高。

（2）内槽圆角的大小决定着刀具直径的大小，因而内槽圆角半径不应过小。对于图 3.4 所示零件，其工艺性的好坏与被加工轮廓的高低、转接圆弧半径的大小等有关。图中（b）与（a）相比，转角圆弧半径大，可以采用较大直径的立铣刀来加工；加工平面时，进给次数也相应减少，表面加工质量也会好一些，因而结构工艺性较好。而当 $R < 0.2H$ 时，可以判定零件该部位的结构工艺性不好。

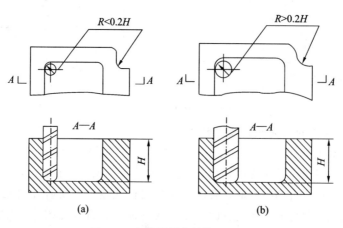

图 3.4　内槽零件的结构工艺性

（3）零件铣削底平面时，槽底圆角半径 r 不应过大。如图 3.5 所示，铣刀端面刃与铣削平面的最大接触直径 $d=D-2r$（D 为铣刀直径），当 D 一定时，r 越大，铣刀端面刃铣削平面的面积越小，加工平面的能力就越差，效率越低，工艺性也越差。当 r 大到一定程度时，甚至必须用球头铣刀加工，这是应该尽量避免的。

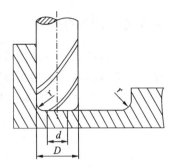

图 3.5　槽底平面圆弧对铣削加工的影响

（4）应采用统一的基准定位。在数控加工中，若没有统一基准定位，会因工件的重新安装而导致加工后的两个面上轮廓位置及尺寸不协调现象出现。因此为了避免上述问题的产生，保证两次装夹加工后其相对位置的准确性，应采用统一的基准定位。

（5）为了提高工艺效率，采用数控加工时必须注意零件设计的合理性。必要时，还应在基本不改变零件性能的前提下，从以下几方面着手，对零件的结构形状与尺寸进行修改：

① 尽量使工序集中，以充分发挥数控机床的特点，提高精度与效率；

② 于采用标准刀具，减少刀具规格与种类；

③ 简化程序，减少编程工作量；

④ 减少机床调整，缩短辅助时间；

⑤ 保证定位刚度与刀具刚度，以提高加工精度。

3.3　数控加工工艺设计

数控加工工艺设计包括工艺路线的拟定和工序设计，是制订工艺规程的重要内容之一。对于数控加工的零件工艺规程的编制，就是综合不同的工序内容，包括选择各加工表面的加工方法、划分工序以及工序顺序的安排等，最终确定出每道工序的加工路线和切削参数等。工艺路线确定后还应明确每一道工序的具体加工内容、工具装夹、定位安装方式，切削用量及刀具运动轨迹等，为编制程序作好充分准备。

应注意的是适合数控加工的零件并不一定要在数控机床上完成所有加工工序，所以，数控加工工艺通常是几道数控加工工序的概括，而不是指从毛坯到成品的整个工艺工程。因此，在设计数控加工工艺时，必须全面考虑，注意加工方法的选择和工序的正确划分。

数控加工工艺设计与普通机床加工工艺有很多相似之处，下面主要介绍数控在加工工艺设计中需要特别注意的问题。

3.3.1　工序的划分

当零件的加工质量要求较高时，往往不可能用一道工序来满足其要求，而要用几道工序逐步达到所要求的加工质量。为保证加工质量，合理地使用资源，在数控加工的工艺路线设计中，工序的划分和安排是非常重要的。

1. 数控加工工序的划分

数控加工一般按工序集中原则划分工序，根据数控机床的加工特点，加工工序的划分有以下几种方式：

1）按粗、精加工划分工序

根据零件形状、加工精度、刚度和变形等因素，可按粗、精加工分开的原则划分工序，先粗加工，后精加工。这样可以使粗加工引起的各种变形得到恢复，也能及时发现毛坯上的各种缺陷，并能充分发挥粗加工的效率。考虑到粗加工时零件变形的恢复需要一段时间，粗加工后不要立即安排精加工。当数控机床的精度能满足零件的设计要求时，可考虑粗、精加工一次完成。

2）按所用刀具划分工序

在数控机床上，为了减少换刀次数，缩短辅助时间，减少不必要的定位误差，可按所用的刀具划分工序，即用同一把刀具加工完零件上所有可以完成的部位，再换用另一把刀具加工其他部位。这种加工工序适用于零件结构较复杂、待加工表面较多、机床连续工作时间过长、加工程序的编制和检查难度较大等情况。自动换刀数控机床中大多采用这种方法。

3）按加工部位划分工序

对于加工内容很多的零件，可按其结构特点将加工部位分成几个部分，如内形、外形、曲面或平面等，以完成相同型面的那一部分工艺过程为一道工序。一般先加工平面、定位面，后加工孔；先加工简单的几何形状，再加工复杂的几何形状；先加工精度要求较低的部位，再加工精度要求较高的部位。

4）按工件的装夹方式划分工序

对于加工内容不多的工件，可根据装夹定位划分工序，即以一次装夹完成的那部分工艺过程为一道工序。通常，先将加工部位分为几个部分，每道工序加工其中一部分。如加工外轮廓时，以内腔夹紧；加工内腔时，以外轮廓夹紧。这种加工工序适合于加工内容不多，加工完成后就能达到待检状态的情况。

总之，在数控机床上加工零件，加工工序的划分应根据零件的结构特点、工件的安装方式、数控加工内容、数控机床的性能以及工厂的生产条件等因素具体分析，灵活掌握，力求合理。

2. 加工顺序的安排

加工顺序对加工精度和效率有很大影响,安排数控加工工序时,除应遵循普通机床的工序安排原则外,还应考虑以下因素:

(1)上道工序的加工不能影响下道工序的定位和夹紧。

(2)以相同安装方式或用同一把刀加工的工序,最好连续进行,以减少重复定位和换刀次数,以减少误差,缩短辅助时间,提高生产效率。

(3)先加工工件内腔,后加工工件外轮廓。

(4)在同一次安装中加工多道工序时,应先安排对工件刚性破坏较小的工序进行加工。

(5)精度要求较高的主要表面的粗加工应安排在次要表面粗加工之前。

(6)在保证加工质量的前提下,可将粗加工和半精加工合为一道工序;

另外,在安排加工顺序时,还要注意退刀槽、倒角等工序的安排。

3. 数控加工工序与普通工序的衔接

数控加工工艺过程不是指从毛坯到成品的整个过程,由于数控加工工序穿插在工件加工的整个工艺过程中,如衔接不好易产生问题,因此要解决好数控加工工序与普通工序之间的衔接问题。最好的办法是建立相互状态要求,如是否要为后道工序留加工余量,留多少;定位面与孔的精度及形位公差的要求;校形工序的技术要求;毛坯的热处理要求等。其目的是相互能满足加工需要,质量目标及技术要求明确,交接验收有依据。交接状态要求一般用状态表表示,按一定程序会签,并反映在工艺规程中。

3.3.2　装夹方案及夹具的选择

1. 工件的定位与夹紧方案的确定

在数控机床上加工工件时,定位安装的基本原则与普通机床相同。但因数控机床是高度自动化加工机床,为了提高数控机床的效率,在确定定位基准与夹紧方案时应注意下列几点:

(1)力求设计基准、工艺基准和编程计算基准统一,这样可减少基准不重合产生的误差和数控编程中的计算工作量。

(2)尽量减少装夹次数,尽可能做到一次定位装夹后就能加工出工件上全部或大部分待加工表面,以减少装夹误差,提高加工表面之间的相互位置精度,充分发挥数控机床的效率。

(3)避免采用占机人工调整式方案,以免占机时间太多,影响加工效率。

(4)工件定位夹紧的部位应不妨碍各部件的加工、刀具更换及重要部位的测量。尤其要避免刀具与工件、刀具与夹具产生碰撞的现象。

(5)夹具的安装要准确可靠,同时应具备足够的强度和刚度,以减少其变形对加工精度的影响。

2. 夹具的选择

根据数控机床的特点，对夹具有如下基本要求：

（1）保证夹具的坐标方向与机床的坐标方向相对固定。

（2）能协调工件与机床坐标系的尺寸。

（3）单件小批量生产时，尽量采用组合夹具、可调式夹具或其他通用夹具，以缩短生产准备时间，节省生产费用。

（4）成批生产时，可考虑采用专用夹具，以保证加工精度、提高装夹效率，但应力求结构简单。

（5）夹具要开敞，其定位、夹紧机构元件不能与刀具运动轨迹发生干涉。

（6）装夹工件的操作要快速、方便、可靠，以缩短辅助时间和保证安全，成批生产可考虑采用气动夹具、液压夹具及多工位夹具。

3.3.3　数控加工刀具的选择

选择数控加工刀具、确定切削用量是数控加工工艺设计中十分重要的内容，它关系到零件的加工质量和加工效率。编程时，选择刀具通常要考虑机床的加工能力、工序内容、工件材料等因素。一般情况下，数控机床主轴的转速比普通机床主轴的转速高 1～2 倍，加工中心主轴转速较普通机床的主轴转速高 2～5 倍，并能在大切削用量情况下实现长时间无人自动加工。因此，与传统的加工方法相比，数控加工对刀具不仅要求精度高、刚度好、耐用度高，而且要求尺寸稳定、安装调整方便、排屑性能好。为适应数控加工的要求，特别是在高速、强力切削的工件加工中，刀具材料极大地影响着切削性能，这就要求采用新型优质材料制造数控加工刀具，并优选刀具参数。目前，涂镀刀具、立方氮化硼等刀具已广泛用于加工中心，陶瓷刀具与金刚石刀具也开始在加工中心中运用。选取刀具时，要使刀具的尺寸与被加工工件的表面尺寸和形状相适应。

数控机床对刀具的主要要求如下：

（1）刀具的切削性能较好。

（2）要有较高的精度。

（3）刀具、刀片的品种规格多。

（4）要有一个比较完善的工具系统。

3.3.4　刀具的预调

对刀是数控加工中较为复杂的工艺准备工作之一，是数控加工中的主要操作和重要技能。对刀的准确性决定了零件的加工精度，对刀效率也直接影响数控加工效率。通过对刀或刀具预调，还可以同时测定其各号刀的刀位偏差，有利于设定刀具补偿量。对刀一般分为手动对刀和自动对刀两大类。目前绝大多数的数控车床采用手动对刀，常用的方法有定位对刀法和试切对刀法两种。

1）定位对刀法

定位对刀法的实质是按接触式设定基准重合的原理而进行的一种粗定位对刀法，其定位基准由预设的对刀基准点来实现，对刀时，只要将各号刀的刀位点调整至与对刀基准点重合即可。该方法简便、易行，因而得到广泛的应用，但因受到操作者技术熟练程度的影响，一般情况下精度都不高，还需在试切或加工中进行修正。

2）试切对刀法

在定位对刀法等其他手动对刀的对刀过程中，对刀精度往往受到手动和目测等多种误差的影响，其对刀精度十分有限。在实际加工过程中经常需要通过试切对刀，即通过试切以后的实测值来调整每把刀的刀补值，这样才能得到更准确和可靠的结果。

3.3.5　对刀点与换刀点的选择

对刀点与换刀点的确定，是数控加工工艺分析的重要内容之一，对刀点是指在数控机床上加工工件时，刀具相对工件运动的起点，这个起点也是编程时程序的起点，所以对刀点又称为起刀点或程序起点。对刀点选定后即确定了机床坐标系与工件坐标系之间的相互位置关系。

进行数控加工编程时，刀具在机床上的位置由刀位点的位置来表示。刀位点是刀具上代表刀具位置的参照点。不同刀具的刀位点不同。车刀、镗刀的刀位点是指其刀尖，立铣刀、端铣刀的刀位点是指刀具底面与刀具轴线的交点，球头铣刀的刀位点是指球头铣刀的球心。

1. 对刀点的确定

所谓对刀，是指加工开始前，将刀具移动到指定的对刀点上，使刀具的刀位点与对刀点重合。对刀点是指通过对刀确定刀具与工件相对位置的基准点。对刀的目的是确定编程原点在机床坐标系中的位置。工厂常用的找正方法是将千分表装在机床主轴上，然后转动机床主轴，以使"刀位点"与对刀点一致。一致性越好，对刀精度越高。对刀点的选定应遵循以下原则：

（1）便于数学处理和程序编制。

（2）在机床上找正容易、便于确定零件加工原点的位置。

（3）加工过程中检查方便、可靠。

（4）引起的加工误差小，有利于提高加工精度。

对刀点可以设置在被加工工件上，也可以设置在夹具或机床上（夹具或机床应设相应的对刀位置），但必须与工件的定位基准有一定的坐标尺寸联系，如图 3.6 中的 X_0 和 Y_0，这样才能确定机床坐标系与工件坐标系的相互关系。为了提高工件的加工精度,减少由于对刀所引起的加工误差,对刀点应尽量选在工件的设计基准或工艺基准上。

在工件坐标系设定后,从对刀点开始的第一个程序段的坐标值,为对刀点在机床坐标系中的坐标值(X_0、Y_0)。当按绝对值编程时,不管对刀点和工件原点是否重合,都是X_2、Y_2;当按增量值编程时,对刀点与工件原点重合时,第一个程序段的坐标值是X_2、Y_2,不重合时,则为(X_1+X_2、Y_1+Y_2)。

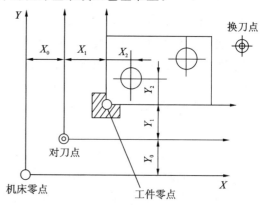

图 3.6　对刀点和换刀点的确定

对刀点不仅是程序的起点,往往也是程序的终点。因此,在批量生产中要考虑对刀点的定位精度。一般情况下,刀具在加工一段时间后或每次启动机床时,都要进行一次刀具回机床原点或参考点的操作,以减少对刀点累计误差的产生。

2. 换刀点的确定

对于数控车床、镗铣床、加工中心等多刀加工机床,加工过程中需要换刀时,应设置一个换刀点。换刀点是转换刀位置的基准点。该点可以是某一固定点(如加工中心机床,其换刀机械手的位置是固定的),也可以是任意的一点(如车床)。换刀点往往设在工件的外部,以能顺利换刀、不碰撞工件及机床上其他部件为准。其设定值可用实际测量方法或计算确定。如在铣床上,常以机床参考点为换刀点;在加工中心上,以换刀机械手的固定位置点为换刀点;在车床上,则以刀架远离工件的行程极限点为换刀点。选取的这些点,都是便于计算的相对固定点,如图 3.7 所示。

3.3.6　走刀路线的确定

走刀路线即加工路线是指数控加工过程中刀具中心(即刀位点)相对于工件的运动轨迹和方向。即刀具从对刀点开始运动起,直至结束加工所经过的路径,包括切削加工的路径及刀具切入、切出,对刀、退刀和换刀等一系列过程的刀具运动路线。它不但包括了工步的内容,也反映出工步的顺序。走刀路线是编写程序的依据之一,对提高加工质量和保证零件的技术要求是非常必要的。

编程时,走刀路线的确定主要遵循以下几条原则:

(1) 走刀路线应保证被加工零件的精度和表面质量。

(2) 应使数值计算简单,以减少编程工作量。

(3) 应使加工路线最短,这样既可减少程序段,又可减少空刀时间,提高生产率。

(4) 合理安排粗加工和精加工路线。

在不同数控机床上加工零件选择走刀路线时所考虑的内容不完全一样。

1）数控车床走刀路线的选择

通常在确定走刀路线时，应在保证加工质量的前提下，使加工程序具有最短的进给路线。这样不仅可以节省整个加工过程的执行时间，还能减少一些不必要的刀具损耗以及机床进给机构滑动部件的磨损等。

（1）最短的切削进给路线。图 3.7 为粗车零件外形时几种不同走刀路线的安排示意图，其中图 3.7(a)为利用其矩形循环功能而安排的"矩形"进给路线；图 3.7(b)为利用其程序循环功能安排的"三角形"进给路线；图 3.7(c)为利用复合循环功能使车刀沿着工件轮廓进给的路线，刀具切削总行程最长，一般用于单件小批量生产。可见，矩形进给路线最短，显然最合理。

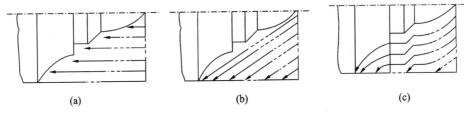

图 3.7　粗车进给路线示例

（2）最短的空行程路线。在安排进给路线时，为缩短行程，还要考虑使刀具的空行程尽量缩短。通常，通过合理选择起刀点，合理安排"回空路线"使空行程路线缩短。图 3.8 为采用矩形循环方式进行粗车而安排的两种不同进给路线示例。

图 3.8(a)所示为程序原点和起刀点重合在一起，均为 A 点。按三刀粗车的走刀路线为：

第一刀：A-B-C-D-A；

第二刀：A-E-F-G-A；

第三刀：A-H-I-J-A。

图 3.8(b)所示为程序原点 A 和起刀点 B 分离，仍按相同的切削量进行三刀粗车，其走刀路线为：

程序原点至起刀点空行程：A-B；

第一刀：B-C-D-E-B；

第二刀：B-F-G-H-B；

第三刀：B-H-I-J-K-B。

显然，图 3.8(b)所示的进给路线短。上例中，将程序原点 A 设置在离工件较远处的原因是考虑到粗车后精车时换刀的方便和安全。

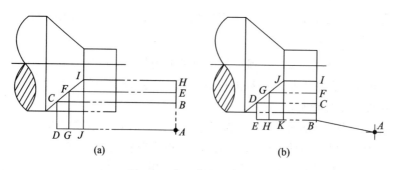

图 3.8　起刀点和程序原点

（3）大余量毛坯的阶梯切削进给路线。图 3.9 所示为车削大余量工件的三种加工路线。若按图 3.9(a)所示的加工方法加工，在同样背吃刀量的条件下，加工后所剩余量过多且不均匀，不利于后续精加工质量的保证。按图 3.9(b)中 1～5 的顺序切削，每次切削所留余量基本相等，可以保证精加工时的余量均匀。如图 3.9(c)所示，根据数控加工的特点可以不采用阶梯车削法，而改用 X、Z 轴的插补功能，沿工件毛坯轮廓进给的路线加工，从而更能保证精加工时的余量均匀。

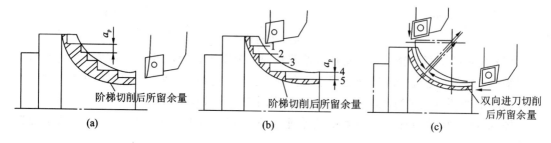

图 3.9　大余量毛坯的切削路线

（4）螺纹加工进给路线。在数控机床上车螺纹时沿螺距方向的 Z 向进给应和机床主轴的旋转保持严格的速比关系，因此应避免在进给机构加速或减速过程中切削。为此要有引入距离、超越距离。引入距离一般为 2～5 mm，对大螺距和高精度的螺纹取大值；超越距离一般取引入距离的 1/4 左右。若螺纹收尾处没有退刀槽，则收尾处的形状与数控系统有关，一般按 45°收尾。

2）数控铣床路线的选择

数控铣削加工进给路线对零件的加工精度和表面质量有直接的影响。同时，进给路线的长短及合理与否，还会影响到铣削加工的生产效率。确定铣削进给路线时考虑的因素有铣削表面的形状、零件的表面质量要求、机床进给机构的间隙、刀具耐用度等因素。下面对常见的几种轮廓形状如何确定其进给路线进行介绍。

（1）铣削外轮廓表面的进给路线的确定。图 3.10 所示为零件外轮廓表面铣削加工示意图。为减少接刀痕迹，保证零件表面质量，铣刀的切入和切出点应沿零件轮廓曲线的延长线的切向切入和切出零件表面，而不应沿法向直接切入零件，同时，在编程时最好沿切线方向延长一段距离来计算刀具的切入点和切出点坐标，以免在取消刀补时，刀具与工件产生碰撞而损伤工件，保证零件轮廓光滑。

（2）铣削内轮廓表面的进给路线的确定。铣削内轮廓表面时，切入和切出无法外延，这时铣刀可沿零件轮廓的法线方向切入和切出，并将其切入、切出点选在零件轮廓两几何元素的交点处。图 3.11 所示为铣削内轮廓表面的 3 种进给路线示意图，其中，图 3.11(a)表示采用行切法的进给路线。这种方法最后轮廓表面不是连续加工完成的，在两次接刀之间表面会留下刀痕，所以表面质量较差，但加工路线较短；图 3.11(b)表示采用环切法的进给路线，这种方式克服了表面加工不连续的缺点，但是这种方式加工路线太长，效率较低；图 3.11(c)表示先采用行切法，最后一刀用环切法的进给路线，这种方案克服了前两种方案的不足，表面轮廓光整，可获得较好的表面。从数值计算的角度看，环切法的刀位计算较为复杂。若从走刀路线的长短比较，行切法略优于环切法。

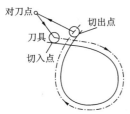

图 3.10　外轮廓表面铣削

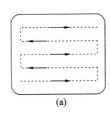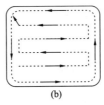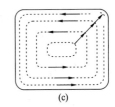

图 3.11　内轮廓表面铣削

3）孔加工路线的确定

加工孔时，一般是首先将刀具在 XY 平面内快速定位并运动到孔中心线的位置，然后刀具再沿 Z 向（轴向）运动进行加工。刀具在 XY 平面内的运动属于点位运动。确定加工路线时，主要考虑下述几个因素：

（1）位置精度要求高的孔加工路线——定位要准确。

对于位置精度要求较高的孔系加工，特别要注意孔的加工顺序的安排，安排不当时，就有可能将沿坐标轴的反向间隙带入，直接影响位置精度，如图 3.12 所示。

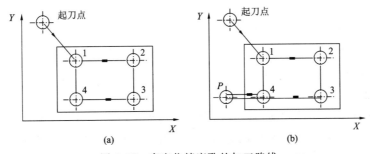

图 3.12　高定位精度孔的加工路线

（2）多孔最短走刀路线——定位要迅速。

如加工图 3.13(a)所示零件上的孔系，按照一般的习惯如图 3.13(b)所示的走刀路线，先加工均布于外圈的八个孔，再加工内圈孔；若改用图 3.13(c)所示的走刀路线，加工路线最短，节省定位时间近一倍，提高了加工效率。

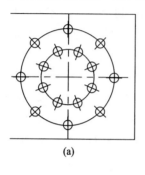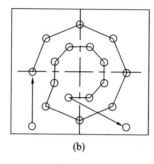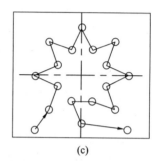

　　　　　（a）　　　　　　　　　　　（b）　　　　　　　　　　（c）

图 3.13　孔系加工

总之，在数控加工过程中，应按照尽量缩短进给路线、减少空刀时间，简化程序、减少编程工作量的原则合理安排进给路线，以保证加工精度的要求，从而提高生产效率。

3.3.7　编程误差及其制定

除零件程序编制过程中产生的误差外，影响数控加工精度的误差因素还有很多，如机床误差、系统插补误差、伺服动态误差、定位误差、对刀误差、刀具磨损误差、工件变形误差等，而且它们是加工误差的主要来源。因此，零件加工要求的公差允许分配给编程的误差只能占很小部分，一般应控制在零件公差要求的 10%～20%。

程序编制中产生的误差主要由下述三部分组成：

（1）近似计算误差。这是用近似计算方法表达零件轮廓形状时所产生的误差。例如，当需要仿制已有零件而又无法考证零件外形的准确数学表达式时，只能实测一组离散点的坐标值，用样条曲线或曲面拟合后编程。近似方程所表示的形状与原始零件之间有误差，但一般情况下较难确定这个误差的大小。

（2）逼近误差。逼近误差包括两个方面：一是用直线或圆弧段逼近零件轮廓曲线所产生的误差，减小这个误差的最简单的方法是减小逼近线段的长度，但这将增加程序段数量和计算时间；二是在三维曲面加工时采用行切加工法对实际型面进行近似包络成型所产生的误差，减小这个误差的最简单的方法是减小走刀行距，但这样会成倍增加程序段数量和计算时间，降低加工效率。

（3）尺寸圆整误差。尺寸圆整误差是指计算过程中由于计算精度而引起的误差，相对于其他误差来说，该项误差一般可以忽略不计。对于简易数控机床，将计算尺寸转化为数控机床的脉冲当量时，会出现一般不超过正负脉冲当量一半的尺寸圆整误差。

3.4　数控加工工艺文件的编制

编写数控加工工艺文件是数控加工工艺设计的内容之一，数控加工工艺文件既是数控加工、产品验收的依据，又是需要操作者遵守、执行的规程。数控加工工艺文件的好坏将直接影响加工的质量和效益，因此在编制文件时，应对工件毛坯质量、刀辅具系统、夹具状况和机床的性能特点进行调查研究，熟悉和掌握涉及数控加工的有关技术信息，力求编出高质量的文件。当零件的加工工艺设计好后（即加工工艺过程确定之后），就应该将与加工有关的内容填入各种相应的卡片之中，以便贯彻执行，并以之作为生产前技术准备的依据。

不同的数控机床，数控加工工艺文件的内容也有所不同。一般来说，数控加工工艺文件主要包括数控编程任务书、工件安装和原点设定卡片、数控加工工序卡、数控机床调整卡、数控加工刀具卡、数控加工走刀路线图和数控加工程序单等，其中，以数控加工工序卡和数控加工刀具卡最为重要。前者是说明数控加工顺序和加工要素的文件，后者是刀具使用的依据，目前，数控加工工艺文件尚未制定统一的国家标准，各企业可根据本单位的实际情况自行设计。

3.5　典型零件数控加工工艺分析

锥孔螺母套零件如图 3.14 所示，按中批量生产零件安排其数控加工工艺，毛坯为 $\phi72$ mm 棒料。

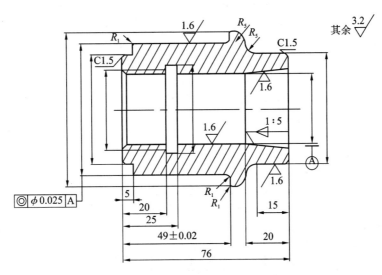

图 3.14　锥孔螺母套零件

1. 分析零件图样

该零件表面由内外圆柱面、圆锥孔、圆弧、内沟槽、内螺纹等表面组成。其中多个径向尺寸和轴向尺寸有较高的尺寸精度、表面质量和位置公差要求。

2. 工艺分析

1）加工方案的确定

根据零件的加工要求，各表面的加工方案确定为粗车→精车。

2）装夹方案的确定

加工内孔时以外圆定位，用三爪自定心卡盘装夹。加工外轮廓时，为了保证同轴度要求和便于装夹，以工件左端面和 $\phi32$ 孔轴线作为定位基准，为此需要设计一心轴装置（图 3.15 中双点划线部分），用三爪卡盘夹持心轴左端，心轴右端留有中心孔并用顶尖顶紧以提高工艺系统的刚性。

3）加工路线的确定

加工工艺路线单如表 3－1 所示。

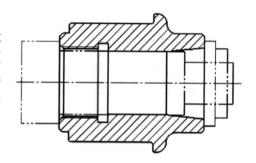

图 3.15　外轮廓车削心轴定位装夹方案示意

表 3－1　数控加工工艺路线单

数控加工工艺路线单			产品名称	零件名称	材料	零件图号
					45 钢	
工序号	工　种	工序内容		夹具	使用设备	工　时
10	普车	下料：$\phi71$ mm×78 mm 棒料		三爪卡盘		
20	钳工	钻孔：$\phi30$ mm		三爪卡盘		
30	数车	加工左端内沟槽、内螺纹		三爪卡盘		
40	数车	粗加工右端内表面		三爪卡盘		
50	数车	加工外表面		心轴装置		
60	检验	按图纸检查				

4）部分工序说明

① 表 3－1 中的工序 30。工序卡见表 3－2。

表 3－2　数控加工工序卡

数控加工工序卡片			产品名称	零件名称	材料	零件图号
					45 钢	
工序号	程序编号	夹具名称	夹具名称	使用设备		车　间
30	O2301	三爪卡盘				

工步号	工步内容	刀具号	主轴转速 /(r/min)	进给速度 /(mm/r)	背吃刀量 /mm	备注
装夹：夹住棒料一头，留出长度大约为 30 mm，车端面(手动操作)，保证总长为 77 mm，对刀，调用程序						
1	镗孔	T0101	600	0.15	1	
2	车内沟槽	T0202	250	0.08	4	
3	车内螺纹	T03	600			

接着是进给路线的确定(略)和刀具及切削参数的确定。刀具及切削参数的确定见表 3-3。

表 3-3　数控加工刀具卡

数控加工刀具卡片		工序号	程序编号	产品名称	零件名称	材料	零件图号
		30	02301			45	
序号	刀具号	刀具名称及规格		刀尖半径/mm		加工表面	备注
1	T0101	镗刀		0.8		内表面	硬质
2	T0202	内切槽刀(B=5)		0.4		内沟槽	高速
3	T0303	内螺纹刀				内螺纹	硬质

② 表 3-1 中的工序 40。工序卡见表 3-4。

表 3-4　数控加工工序卡

数控加工工序卡片			产品名称	零件名称	材料	零件图号	
					45 钢		
工序号	程序编号	夹具名称	夹具名称	使用设备		车　间	
40	02302	三爪卡盘					
工步号	工步内容		刀具号	主轴转速 /(r/min)	进给速度 /(mm/r)	背吃刀量 /mm	备注
装夹：夹住棒料一头，留出长度大约为 40 mm，车端面(手动操作)，保证总长为 76 mm，对刀，调用程序							
1	粗镗内表面		T0101	600	0.2	1	
2	精镗内表面		T0202		0.1	0.3	

接着是进给路线的确定(略)和刀具及切削参数的确定。刀具及切削参数的确定见表 3-5。

表 3-5　数控加工刀具卡

数控加工刀具卡片		工序号	程序编号	产品名称	零件名称	材料	零件图号
		40	02302			45	
序号	刀具号	刀具名称及规格		刀尖半径/mm		加工表面	备注
1	T0101	粗镗刀		0.8		内表面	硬质
2	T0202	精镗刀		0.4		内表面	硬质

③ 表 3 - 1 中的工序 50。工序卡见表 3 - 6。

表 3 - 6　数控加工工序卡

数控加工工序卡片			产品名称	零件名称	材料	零件图号
					45 钢	
工序号	程序编号	夹具名称	夹具名称	使用设备		车　间
50	02303	心轴装置				
工步号	工步内容		刀具号	主轴转速 /(r/min)	进给速度 /(mm/r)	背吃刀量 /mm	备注
装夹：采用心轴装夹工作，对刀，调用程序							
1	粗车右端外轮廓		T0101	400	0.2	1	
2	粗车左端外轮廓		T0202	400	0.2	1	
3	精车右端外轮廓		T0303	600	0.1	0.3	
4	精车左端外轮廓		T0404	600	0.1	0.3	

接着是进给路线的确定。精加工外轮廓的走刀路线如图 3 - 16 所示，粗加工外轮廓的走刀路线略。

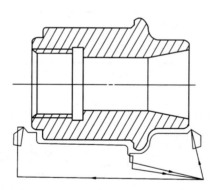

图 3.16　外轮廓车削进给路线

然后是刀具及切削参数的确定。刀具及切削参数的确定见表 3 - 7。

表 3 - 7　数控加工刀具卡

数控加工刀具卡片		工序号	程序编号	产品名称	零件名称	材料	零件图号
		50	02303			45	
序号	刀具号	刀具名称及规格		刀尖半径/mm	加工表面		备注
1	T0101	95°右偏外圆刀		0.8	右端外轮		硬质
2	T0202	95°左偏外圆刀		0.8	外轮廓		硬质
3	T0303	95°右偏外圆刀		0.4	右端外轮		硬质
4	T0404	95°左偏外圆刀		0.4	左端外轮		硬质

第 4 章 数控车床编程及操作

4.1 引 言

请思考,如何在数控车床上加工出图 4.1 所示的零件?

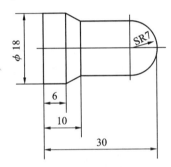

图 4.1 一个简单的待加工零件图

根据已经掌握的知识,我们知道,要加工出图 4.1 所示的零件,需要经过以下步骤:

(1) 准备阶段 该阶段需要准备毛坯,选择刀具,并正确将毛坯装夹到机床上。

(2) 工艺制定阶段 该阶段需要确定加工工序及工步,选取切削用量,确定走刀方式等。

(3) 程序编制阶段 结合工艺及零件尺寸要求,根据数控系统指令格式要求,编写出加工程序并输入数控系统。

(4) 具体加工阶段进行试切对刀,然后调用程序进行加工操作。

上述这些步骤都包括些什么具体内容呢? 比如,如何选择刀具与切削用量,如何编制程序并进行加工操作等,这就是本章要详细讲解的内容。工艺的制定可参考前面章节。

4.2 加 工 准 备

4.2.1 数控车床常用夹具及工件的装卸

1. 常用夹具

数控车床常用的夹具包括夹盘、尾座与顶尖等。夹盘有三爪夹盘和四爪夹盘,分别如

图 4.2(a)、(b)所示。三爪夹盘具有自动定心功能，主要用于装夹回转体零件。四爪夹盘的四个爪不能够实现联动，不具有自动定心功能，装夹时需要找正操作，常用来装夹相对复杂的非回转体零件。

(a)　　　　　　　　　　　　　　(b)

图 4.2　三爪夹盘与四爪夹盘

顶尖分为固定式和回转式，与尾座配合使用。尾座根据调整方式不同又分为手动尾座和可编程尾座。顶尖与尾座如图 4.3 所示。

(a)顶尖　　　　　　　　(b)手动尾座　　　　　　(c)可编程尾座

图 4.3　顶尖与尾座

2. 工件装卸

·装夹工件的过程是：利用扳手和套筒调整三爪夹盘开口使其略大于工件直径，用刷子等清理工具清洁夹爪，清除灰尘切屑等异物；然后右手将工件送入夹爪，左手转动扳手，轻轻夹紧工件；最后，调整工件伸出长度，并夹紧工件。

·卸下工件的过程是：刚刚加工完成的工件要等待工件冷却，避免烫伤人。利用套筒扳手松开夹盘，用布等包住工件，右手持工件，左手旋动夹盘卸下工件，放置在规定位置，并清洁夹爪。

对于长度较短、重量较轻的工件，直接用夹盘装夹即可。当工件长度相对较长，重量较大时，利用顶尖与夹盘配合装夹工件。

工件装夹后，应旋转均匀，不出现偏心等不良现象。

4.2.2　刀具选择及安装

1. 常用车刀

车刀有整体式和机夹可转位等类型，其中以机夹可转位车刀应用较多。根据加工用途的不同，车刀通常分为外圆车刀、切断刀、螺纹车刀等，其形状如图 4.4 所示。

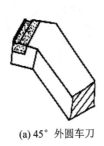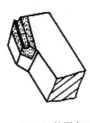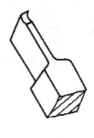

(a) 45°外圆车刀　　　　(b) 75°外圆车刀　　　　(c) 切断刀　　　　(d) 螺纹车刀

图 4.4　根据用途不同的车刀分类

机夹可转位车刀的刀杆有圆形和方形等，适合不同刀架的安装。刀片形状多样，有三角形、正方形、菱形、多边形、圆形等，可根据加工需要选用。

2. 刀片选择

使用机夹可转位车刀时，可依据以下原则选择刀片。

当在小型机床上加工或进行内轮廓加工等工艺系统刚性比较差的情况，或者工件结构比较复杂时，通常选择前角为正的刀片类型。如果被加工工件为细长轴，刀片安装后应保证较大的主偏角。对于金属切削率较高、加工条件比较差的外圆加工，选择负前角刀片比较适宜。图 4.5 为前角为正负两种情况刀具示意图。

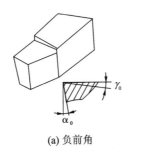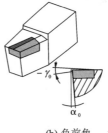

(a) 负前角　　　　　　　　(b) 负前角

图 4.5　刀具前角正负两种情况示意图

一般外圆加工时，常选用四方形、80°三角形或 80°菱形刀片。仿形加工通常采用圆形刀片或 35°、55°菱形刀片。

在机床刚度、功率等条件许可情况下进行大余量粗加工时，应尽量选择较大刀尖角的刀片，反之，应选择刀尖角较小的刀片。

3. 刀片夹紧

机夹可转位车刀的刀片夹紧方式有偏心式、杠杆式、上压式、楔块式等，如图4.6所示。使用时可根据机床类型、加工材料及加工阶段的不同进行选用。硬质合金刀片在夹紧时，应选择合适的夹紧力，太用力容易导致刀片破碎。

图4.6　机夹可转位车刀的刀片夹紧方式

4. 刀具夹紧

完成刀片在刀杆的安装后，再将刀具通过刀架夹紧在普通数控车床上，见图4.7。常见的普通数控车床常用刀架有两种形式，转塔式刀架和方形刀架。刀具夹紧在转塔式刀架上是通过刀夹进行的，首先将刀具安装到刀夹上，然后将刀夹夹紧在转塔式刀架上。刀夹有多种结构类型，分别于不同的刀架、刀具结构相适应。

(a) 转塔式　　　　　　　　　　　　　(b) 四方形

图4.7　普通数控车床用转塔式刀架和四方形刀架

刀具在四方形刀架上的安装相对简单，通过调节压紧螺钉就可以将刀具夹紧到刀架上。但是必须注意将刀尖高度调整至工件轴心线上，实际应用中通常通过增加垫片的方式进行刀尖高度的调整。

4.3　加工程序编制基础

完成工艺制定及加工准备后，下一步就要编写加工程序。而要完成数控编程，还必须根据工件装夹情况，确定刀具与工件的相对位置，熟悉所使用数控系统的程序与指令格式，正确写出加工程序代码并输入数控机床。

4.3.1　坐标系

坐标系是确定刀具与工件相对位置的参考和依据，编程指令正是通过指定零件待加工轮廓上点的坐标方式确定刀具运动轨迹，从而加工出所需要的形状。数控机床采用标准右手直角笛卡儿坐标系，其应用已经标准化，ISO 和国标都有相应规定。坐标轴用 X、Y、Z 表示，围绕 X、Y、Z 轴旋转的坐标轴用 A、B、C 表示，方向由右手螺旋定则判定。如图 4.8 所示。

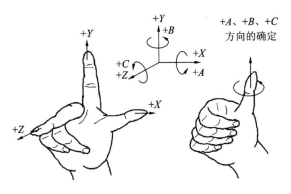

图 4.8　数控机床采用的右手笛卡尔坐标系

数控系统所采用的坐标系根据用途不同，通常分为机床坐标系和编程坐标系（或工件坐标系）。机床坐标系是制造过程中设定的一个逻辑坐标系，其原点叫机床原点或机械原点，是机床上的一个固有的点，由制造厂家确定，可由机床用户手册中查到。机械原点会随机床断电而消失，为建立机床坐标系，某些数控机床还设计有参考点，通过开机启动时返回参考点操作建立坐标系。此外，通过返回参考点操作还可以消除由于连续加工造成的机械累积坐标误差。参考点与机床原点可以重合，也可以不重合，它也是机床上的固定点，能够通过机床参数查到。

也有少量数控机床不设置机床坐标系，只通过编程坐标系确定刀具轨迹。编程坐标系用以确定和表达零件几何形体上各要素的位置，是指编程人员在编程时不考虑工件在机床上的安装位置，而按照零件的特点及尺寸设置的坐标系。

数控车床进行回转加工，只有 X 轴和 Z 轴两个坐标轴。规定 Z 轴方位为装夹后工件的轴心线，刀架远离三爪夹盘的为其正方向。规定 X 轴方位为水平方向，垂直于 Z 轴，其正方向为刀架远离轴心线的方向。常用工件右端面中心作为坐标原点，如图 4.9 所示。

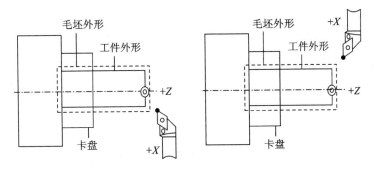

图 4.9　数控车床坐标系

4.3.2 程序结构与格式

　　数控程序由程序编号(也叫程序名称)、程序体(由若干程序段构成，如图 4.10 所示，是程序的主体部分)、程序结束符三部分构成。

　　不同数控系统的程序格式存在一定的差异，为叙述方便，本书以南京华兴数控系统 710T(720 T /730 T /740 T 相同)为基准，并顺便与其他系统略作对比。当具体编程遇到不同数控系统时，请认真阅读该数控系统编程手册，仔细了解其编程格式。

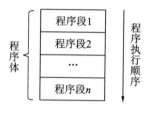

图 4.10　程序体

1. 程序编号

　　华兴 710T 系统规定由字母"P"或"N"＋ 4 位数字的方式构成主程序编号；如果有子程序，则程序编号必须使用字符"N"＋ 4 位数字。

　　其他系统如 FUNUC 规定程序编号使用字母"O"开头，西门子系统则规定使用符号"％"开头。

2. 程序段

　　华兴 710T 系统的程序段由编号和指令构成。程序段采用字母"N"＋ 4 位数字表示，程序录入过程中由系统自动生成，编程者可以根据需要进行修改。指令包括 G、M、S、T 等不同种类，后面详述。

　　某些数控系统中如 FUNUC 等，程序段除了包括上述两部分外，还需要程序段结束符部分。不同的数控系统结束符不同，有"；"、"＊"、"NL"、"LF"或"CR"等。

　　需要说明的是，数控程序的执行顺序与程序段编号的大小无关，而是按照先后排列顺序依次执行，如图 4.10 所示。程序段编号的作用是为了程序编辑时方便检索查找，或者程序跳转、某些特殊指令需要指定程序段范围(见后文)等情况下采用。

3. 程序结束符

　　几乎所有数控系统包括华兴 710T 都采用 M02 或 M30 作为程序结束符，当采用 M30 时，系统自动跳转至当前程序开始段，可以直接再次执行。

　　程序结束符位于程序最末段，用于标志整个加工程序的结束，不得省略。

4.4　编程指令及应用

4.4.1　指令分类

　　通常数控系统的指令被分为模态指令和非模态指令。模态指令指如果不发生变化，后续程序段可以直接继承使用，省略不写的指令。绝大部分指令为模态指令，包括主轴转速、进给速度、坐标指令字、直线插补、圆弧插补等指令。如 X 坐标指令字，当后续程序段不出现时，则直接继承程序中首次出现时设定的坐标值。非模态指令只在当前程序段有效。

此外，也可以根据各种数控系统中指令是否一致及加工过程中使用的频率等将指令划分为基本指令、常用指令和其他指令等。基本指令指几乎所有数控系统中名称和内容都相同，而且利用这些指令可以完成大多数零件轮廓加工的指令。常用指令指利用频率比较高，但各种数控系统中名称和内容不相同的指令，如多用以简化编程的循环指令等。

4.4.2　基本指令

1. 辅助 M 指令

最基本的辅助 M 指令用于控制程序结束、主轴转速、切削液开关等，其名称及意义在各数控系统中几乎不变。其功能用法及说明详表 4-1。

表 4-1　基本辅助 M 指令功能及说明

指令名称	功　　能	说　　明
M02/M30	程序结束标志	见前文
M03	控制主轴顺时针旋转	主轴旋转控制
M04	控制主轴逆时针旋转	
M05	主轴停止转动控制	
M08	打开切削液	切削液控制
M09	关闭切削液	

2. 主轴转速控制 S 指令

指令格式：S＋数字，用于指定主轴转速大小。华兴系统中主轴转速以转/每分钟（r/min）表示。

S 指令与前面介绍的主轴旋转控制 M 指令必须配合使用，才能够使主轴旋转起来。如 M03 S500 程序段执行后，主轴便以 500 r/min 的转速顺时针旋转起来。

由于主轴转速的单位有两种，r/min 和 m/min（米/分钟）。因此，某些数控系统，如华中世纪星车床数控系统提供指令 G96 和 G97 用来指定主轴转速单位，使用指令 G96 时主轴转速单位为 m/min，使用指令 G97 时主轴转速单位则为 r/min。

当采用恒线速度切削模式 m/min 时，随着工件直径的不断变小，转速将不断变大，为限制转速太大导致飞车情况出现，华中世纪星系统又提供了 G46 指令用于限制极限主轴转速大小。例如：

N10 G96 M03 S50

N20 G46 1200

上述程序表示，指定主轴以顺时针 50 m/min 横线速度进行切削，限制最大主轴转速不超过 1200 r/min。

3. 进给速度控制 F 指令

指令格式：F＋数字，用于指定切削时进给量的大小。华兴数控系统的进给量单位采用毫米/每分钟（mm/min）表示。

车削加工时，进给量单位同样包括 mm/min 和 mm/r（毫米/转）两种。其他数控系统，如华中世纪星车床数控系统提供指令 G94 和 G95 用来指定不同的进给量单位，使用指令 G94 时进给量单位为 mm/min，使用指令 G95 时为 mm/r，如图 4.11 所示。

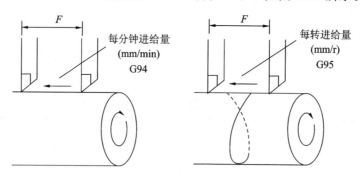

图 4.11　进给量单位指定示意

4. 刀具 T 指令

刀具指令格式为 T＋4 位数字。头两位数字代表刀具号，后两位代表刀具补偿号，刀具补偿号在对刀时设定，用于存放刀具补偿信息。

5. 准备功能 G 指令

1）快速定位指令 G00

指令格式：G00 X(U)_ Z(W)_。

该指令控制刀具快速从当前位置移动到坐标点（X，Z）或（U，W），X、Z 为绝对坐标，U、W 为相对刀具当前位置的增量坐标。不移动的坐标省略不写。

快速定位指令用于加工前快速将刀具定位到进刀点或加工完成后快速退刀。执行该指令需要特别当心，避免刀具快速移动时与路径上的物体发生干涉。

例 4.1　请写出图 4.12 中刀具快速从 A 点移动到 B 点的指令。

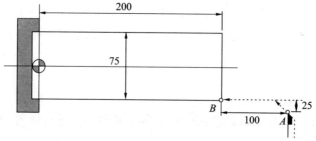

图 4.12　刀具快速定位指令示例

绝对坐标编程指令：G00 X200 Z75。200 和 75 为 B 点的坐标，为快速移动要到达的点。注意，数控车床编程规定 X 采用直径坐标方式。

增量坐标编程指令：G00 U-100 W-50。这里的坐标由于增加的方向与坐标轴方向相反，因此采用负值。

2）直线插补指令 G01

指令格式：G01 X(U)_ Z(W)_ F_。

执行该指令后，刀具从当前位置点切削到坐标点 (X, Z) 或 (U, W)。F 后面数值代表切削进给量，如果该程序段前面没有指定，则必须在该程序段指定，否则刀具不移动。

使用该指令时，不变化的坐标不出现在指令中。

例 4.2 请编写加工图 4.13(a) 中从 A 点移动到 B 点轮廓的程序。

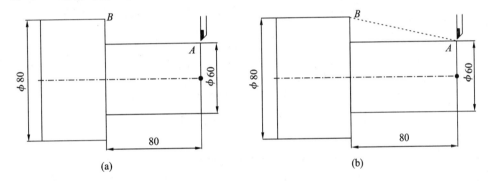

(a)　　　　　　　　　　　　　　　(b)

图 4.13　直线插补指令示例

绝对坐标编程：

  G01 Z-80 F60

  X 80

增量坐标编程：

  G01 W-80 F60

  U20

请注意，如果上述程序写为：G01 X80 Z-80 F60，则加工路线如图 4.13(b) 中虚线所示。

3）圆弧插补指令 G02/G03

圆弧插补指令有两种格式：

格式一：G02/G03 X(U)_ Z(W)_ R_ F_。

执行该指令后，刀具将从当前位置出发加工出一段终点在 (X, Z)，半径为 R 的圆弧。当被加工圆弧为圆心角大于 180° 的优弧时，R 后面跟负数。

格式二：G02/G03 X(U)_ Z(W)_ I_ K_ F_。

执行该指令后，刀具将从当前位置出发加工出一段终点在 (X, Z)，圆心由 I、K 参数指定的圆弧。参数 I、K 为由被加工圆弧起点指向其圆心的矢量沿 X、Z 坐标轴方向的分矢量大小，与坐标轴的方向一致时取正值，反之取负值。I 仍然采用直径值。图 4.14(a) 给出了确定 I、K 参数及其方向的方法。

由于圆弧有顺时针和逆时针之分，因此，插补指令采用 G02 表示顺时针插补，G03 表示逆时针插补。那么，如何判断所加工圆弧是顺时针还是逆时针呢？通常，圆弧加工方向由垂直于圆弧所在平面的坐标轴确定，在车削加工中，该坐标轴为 Y 轴。在判断圆弧加工方向时，首先利用右手定则确定坐标轴 Y 轴的方向，然后面对 Y 轴正方向观察，这时，如果加工方向为顺时针，就采用 G02 指令，如果加工方向为逆时针，就采用 G03 指令。数控加工中圆弧加工方向的判断方法如图 4.14(b) 中所示。

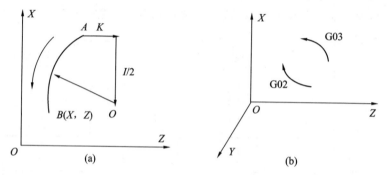

图 4.14 圆弧插补指令中 I、K 参数取值及顺逆时针圆弧判断方式示意

当圆弧半径较大时，切削层厚度会比较大，通常采用车锥法或车同心圆法进行加工，以减小切削层厚度。图 4.15(a) 所示为车锥法加工圆弧，图 4.15(b) 所示为车同心圆法加工圆弧。

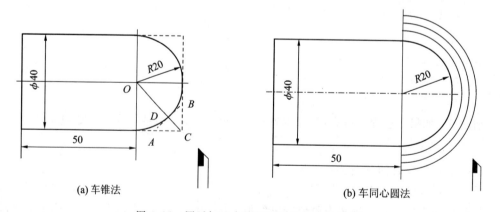

(a) 车锥法   (b) 车同心圆法

图 4.15 圆弧加工大切削用量处理方式示意

由图 4.15 可见，车锥法需要首先确定由线段 AB 代表的圆弧，计算麻烦，显然不如车同心圆法计算简单。但车同心圆方法加工时空行程较长，加工效率不如车锥法。两种方法各有优缺点，用到时根据实际情况进行选择。

例 4.3　请编写图 4.16 中圆弧 AB 的加工程序。

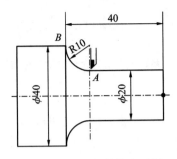

图 4.16　圆弧插补指令示例

指定半径式绝对坐标编程：G02 X40 Z40 R10 F50。

指定半径式增量坐标编程：G02 U20 W-10 R10 F50。

指定圆心式绝对坐标编程：G02 X40 Z40 I20 K0 F50。

指定圆心式增量坐标编程：G02 U20 W-10 I20 K0 F50。

例 4.4　基本指令综合应用例。请编写图 4.17 中所示零件的精加工程序。

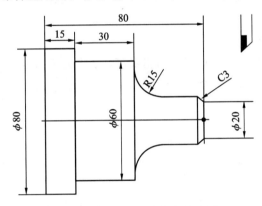

图 4.17　基本指令综合应用示例

精加工就是完成最后一刀切削，前面工序加工完成后，按照事先规划会留下一层均匀厚度的切削余量，此时不必考虑毛坯及切断问题，直接沿着零件最终轮廓完成切削即可。假定这里选择切削速度为 800 r/min，进给量为 40 mm/min，刀具为 1 号刀具。该零件轮廓加工程序如下（程序段编号被省略，华兴系统编程时会自动生成）：

M03 S800——主轴顺时针旋转，速度为 800 r/min；

G00 X100 Z100——事先到达一个安全位置，保证换刀时刀架与夹盘、工件等不产生干涉；

T01——如果当前刀具不是 01 号刀具，系统会执行自动换刀，否则，刀架没有动作；

G00 X20 Z3——留一定安全距离；

G01 Z0 F40——以切削方式接触到工件，避免对刀具的冲击；

X26 Z-3

Z-20

G02 X50 Z-35——为什么用 G02，圆弧顺时针加工时是如何判断的？

G01 X66

W-30——增量坐标编程，大多数控系统是允许绝对坐标与增量坐标混合编程的；

X80

W-15——增量坐标编程；

G00 X100——加工完成后，回起刀点，千万注意刀具运动路径上是否有干涉；

Z100

M30——程序结束。

安全距离的作用，一方面是防止刀具快速移动中接触到工件容易损伤刀具，另一方面，通过设置安全距离，让刀具以平稳切削的方式进入加工状态，避免刀具在达到进给速度的加速过程中切削动作不平稳。安全距离可以从 Z 坐标轴方向预留，如上述例子中的编程方法。也可以留在 X 坐标轴方向，其程序代码如下：

G00 X25 Z0——留安全距离

G01 X20 F40——以切削方式接触到工件，避免对刀具的冲击

X26 Z-3

4）刀具补偿指令 G40/G41/G42

为防止车刀过快磨损，提高加工表面粗糙度，常将刀尖磨成圆弧过渡刃。这样的车刀在切削转角、锥面或圆弧面时，会造成过切或少切，如图 4.18 所示。为此，需要采用刀尖半径补偿指令来消除误差。

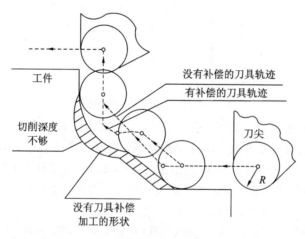

图 4.18　刀尖圆弧半径补偿功能示意

G40 指令为取消补偿指令，G41 为刀具左补偿指令，G42 为刀具右补偿指令。左右补偿的判断方法如图 4.19 所示。

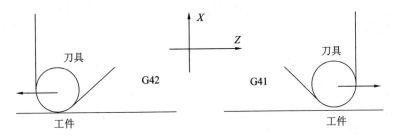

图 4.19　刀具补偿指令方向判断方法示意

由图 4.19 可见，判断刀具补偿方向仍然以垂直于补偿平面的坐标轴为参照，判断者面对该坐标轴的正向，沿着切削前进方向看时，如果刀具位于工件左侧，为左补偿，使用 G41，如果刀具位于工件右侧，则为右补偿，使用 G42。

使用刀具补偿指令前，必须对刀具补偿相关进行设置。包括刀具沿着 X、Z 坐标轴方向的刀具补偿值，刀尖圆弧半径 R 值和刀具相位参数 PH。图 4.20 所示为刀具相位参数及其与坐标系之间的关系示意图。

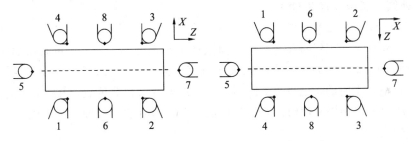

图 4.20　刀具相位参数及其与坐标系关系示意

刀具补偿的建立与取消指令必须出现在包含 G01 指令的程序段；某些数控系统如华中系统也允许在 G00 指令出现的程序段建立与取消刀具补偿。

例 4.5　刀具补偿应用例。请在有刀具补偿的情况下编写图 4.21 中所示零件的精加工程序。

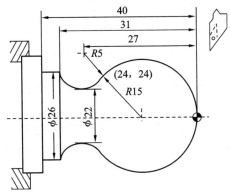

图 4.21　刀具补偿指令应用实例

程序如下：

　　M03 S500

　　G00 X100 Z100

　　T01

　　G00 X0 Z3

　　G42 G01 Z0 F50——在含有 G01 指令程序段建立刀具补偿，为什么是 G42？

　　G03 X24 Z-24 R15

　　G02 X26 Z-31 R5

　　G01 Z-40

　　G40 X30——在含有 G01 指令程序段取消刀具补偿

　　G00 X100 Z100

　　M30

4.4.3　常用指令

1. 内外圆加工循环指令 G81

指令格式：G81 X(U)_ Z(W)_ R_ I_ K_ F_。

参数 X、Z 指定加工终点坐标。R 后面跟加工起点处加工完成后的最终直径值；当采用 U、W 增量坐标时，R 为终点直径减去起点直径的差。I 后面跟的参数为粗加工切削厚度，K 后面跟精加工时的切削厚度，外圆加工时的该两参数取负数，内圆加工时取正数。

当 X、R 后面跟相同参数时，加工圆柱面；不相同时加工锥面。应用该指令时走刀路线如图 4.22 所示。

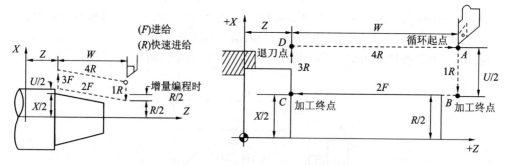

图 4.22　内外圆循环加工指令走刀路线示意

该指令执行完成后，刀具自动回到加工起点。应用该指令时，应确保切削层厚度至少需要切削三次才能够完成加工，如果达不到该标准，请选用 G01 指令进行加工。

　　例 4.6　按照 $\phi 55$ 毛坯编写图 4.23 中所示的零件轮廓加工程序。假定已经完成端面切削处理。

　　M03 S500

G00 X100 Z100

T01

G00 X58 Z0

G81 X40 Z-100 R40 I-2 K-0.2 F80

G00 X43

G81 X40 Z-50 R25 I-2 K-0.2

G00 X100 Z100

M30

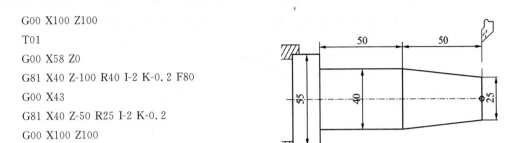

图 4.23　外圆循环加工指令应用实例

华兴数控系统的 G81 指令简洁明了，应用方便。其他数控系统的内外圆循环指令虽然与该指令的名称、参数意义等都有所区别，但在认真领会该指令用法的基础上，通过了解其它指令格式及参数意义，也能够很快上手。

2. 内外圆加工复杂循环指令 G71

由例 4.6 可以看出，G81 指令只能够加工一段圆柱或圆锥，当零件轮廓由多段直径不同的圆柱构成或者既有圆柱又有圆锥面的情况下，就需要使用复杂循环指令 G71 进行加工了。

指令格式：G71 U_ R_ P_ Q_ V_ W_ F_。

其中各参数意义如图 4.24 所示。

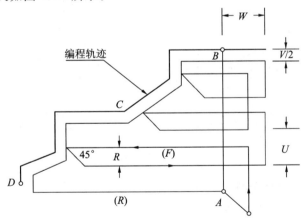

图 4.24　G71 指令参数及用法示意

指令 G71 中，参数 U 后面跟每次进刀深度；R 后面跟每一刀切削完成后的退刀量。参数 P、Q 后面跟精加工程序段起始和终止段号；精加工程序必须大于 1 段，包含 P、Q 指定段号所在的程序段。V 后面跟 X 方向精加工余量，W 后面跟 Z 方向精加工余量。进给量 F 只对粗加工部分有效，精加工进给量在精加工程序段中指定。

如图 4.24 所示，加工最终轮廓为 BCD 时，起刀点为 A，由 A 到 B 的程序段必须由 G00 完成，而且 G00 指令中不允许出现 Z 方向位移，X 方向移动量与加工 BCD 时 X 方向移动总量相等。BCD 加工程序中，不允许出现 G00 指令。

例 4.7 根据毛坯 $\phi65\times40$ 编写图 4.25 中所示的零件轮廓加工程序。

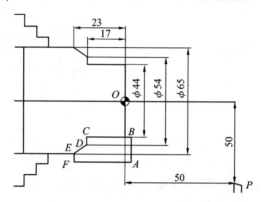

图 4.25 外圆加工复杂循环指令应用实例

程序如下：

M03 S800

G00 X100 Z50

T01

G00 X70 Z2

G71 U4 R1 P40 Q80 V0.5 W0.3 F150——粗加工进给量 150

N0040 G00 X44——精加工程序起始段

G01 Z-17 F50——精加工进给量 50

X54

X65 Z-23

N0080 X70——结束段；保证与 *AB* 段 G00 指令的 *X* 方向移动量相等

G00 X100 Z50

M30

3. 螺纹加工指令 G33/G34

指令格式：G33 U_ Z_ K_ R_。

其中，*U* 参数用于加工锥螺纹时指定坐标，当 *U* 参数省略不出现时，表示加工圆柱螺纹。G34 格式与 G33 完全一样，但这里采用的是英制单位。

参数 *U*、*Z* 指定螺纹终点坐标；*K* 参数指定螺距；*R* 参数指定切削深度，可参考表4-2 进行选取，加工外螺纹时该值为负数。指令执行完成后，刀具自动返回到加工螺纹的起刀点。

上述螺纹加工指令是华兴系统规定的，其他 FUNUC 系统如华中系统等，螺纹加工指令的名称及参数会略有不同，但加工时使用的特点基本一致，请使用时参考相关编程说明书。

表 4 - 2　常用公制螺纹加工的进给次数与背吃刀量　　　（单位：mm）

螺　距		1.0	1.5	2.0	2.5	3.0	3.5	4.0
牙　深		0.649	0.974	1.299	1.624	1.949	2.273	2.598
背吃刀量和切削次数	1 次	0.7	0.8	0.9	1.0	1.2	1.5	1.5
	2 次	0.4	0.6	0.6	0.7	0.7	0.7	0.8
	3 次	0.2	0.4	0.6	0.6	0.6	0.6	0.6
	4 次		0.16	0.4	0.4	0.4	0.6	0.6
	5 次			0.1	0.4	0.4	0.4	0.4
	6 次				0.15	0.4	0.4	0.4
	7 次					0.2	0.2	0.4
	8 次						0.15	0.3
	9 次							0.2

由于螺纹起始段和停止段会在加工时发生螺距不规则现象，因此在实际加工时应留一定的切入(δ_1)、切出(δ_2)空行程量。通常取 $\delta_1 = 2\sim5$ mm、$\delta_2 = (1/4\sim1/2) * \delta_1$。

例 4.8　请编写加工程序，切削图 4.26 中所示零件的螺纹部分两次。

M03 S300

G00 X100 Z100

T01——螺纹刀具

G00 X21 Z2

G33 Z-39 K1 R-1.7 ——切入深度 0.7

G33 Z-39 K1 R-2.1 ——切入深度 0.4

G00 X100 Z100

M30

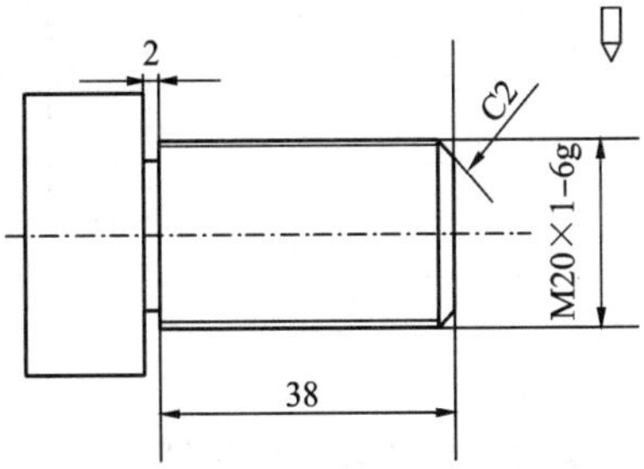

4. 深孔加工指令 G83

图 4.26　螺纹加工指令应用实例

指令格式：G83 Z_ I_ D_ J_ K_（Q）_ R_ F_。

指令运行进刀轨迹示意及各参数意义如图 4.27 所示。

由图 4.27 可以看出，Z、I 后面跟被加工孔的孔顶和孔底坐标，当采用增量坐标表示时，Z 后的参数为孔顶相对刀具当前位置的增量坐标，I 后参数表示孔底相对孔顶的增量坐标；D 后面的参数指定第一刀切削深度，可以省略；J 后面的参数为绝对值表示的每次进给深度，如果 D 参数没有省略，则应该 $D>J$（首次进给没有切屑产生）；参数 K 表示每次退刀排出切屑后，再次进给时，由快进转为加工进给时距离上次加工面的距离；Q 参数指定排出切屑的延时时间，单位为 s，省略表示为 0.1 s；R 代表切削到孔底时的延时时间。

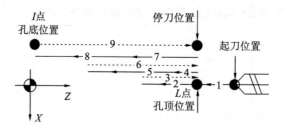

图 4.27　深孔加工指令进刀轨迹及参数示意

例 4.9　请编写加工程序，完成图 4.28 中所示的深孔加工。

> M03 S500
>
> G00 X100 Z100
>
> T01——钻削刀具
>
> G00 X0 Z5
>
> G83 Z0 I-45 J5 K2 Q0.3 R1.2 F200 或者 G83 W-5 I-45 J5 K2 Q0.3 R1.2 F200
>
> G00 X100 Z100
>
> M30

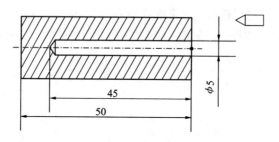

图 4.28　深孔加工指令应用实例

4.4.4　其他指令介绍

1. 延时指令 G04

延时指令为非模态指令，只在当前程序段有效。用于在切槽、钻镗孔时，让刀具暂时停止进给，主轴仍在旋转，进行光整加工，获得更光滑的加工效果。该指令在不同系统里边格式略有不同，但后面跟的参数都是需要停止的时间。含有该指令的程序段中，不能够出现其它 G 指令功能。

华兴数控系统指令格式：G04 KXX. XX，参数指令字 K 后面跟时间参数，单位为 s，延时范围为 0.01～65.5 s。如 G04 K10.5 指令控制刀具在当前位置停止进给，则延时 10.5 s。

华中数控系统指令格式：G04 P_，单位为 s。

2. 程序暂停指令 M00/M01

当需要进行检测等操作时，可以通过程序暂停指令让程序运行至该段时停止加工，进行相应处理后，按功能键，启动程序继续进行加工。

使用 M00 指令时，本段程序运行结束后，系统处于等待状态，按下加工启动键，程序继续运行。M01 暂停指令要与机床操作面板上的"选择停"按钮配合使用，程序是否停止取决于是否按下该按钮。按下循环启动键，程序继续执行。

3. 端面切削循环 G82

指令格式：G82 X(U)_ Z(W)_ R_ I_ K_ F_。

G82 类似指令 G81，各个参数的意义也基本相同，只是 I、K 参数总为正数。所不同的是进给方式，G81 指令为沿着 X 方向进刀，而 G82 指令则沿着 Z 方向进刀，如图 4.29(a) 所示。

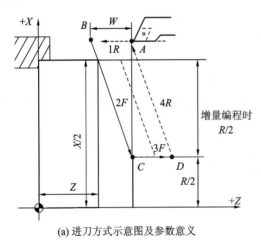
(a) 进刀方式示意图及参数意义

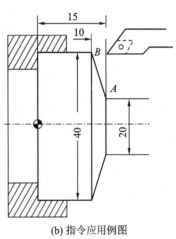
(b) 指令应用例图

图 4.29　G82 加工指令及应用

例 4.10　已知毛坯为 $\phi40\times15$，请编写加工程序，完成图 4.29(b) 中所示的 AB 轮廓。

程序如下：

```
M03 S500
G00 X100 Z100
T01
G00 X40 Z18
G82 X40 Z10 R20 I1 K0.2 F80
G00 X100 Z100
M30
```

4. 端面切削复杂循环指令 G72

指令格式：G72 U_ R_ P_ Q_ V_ W_ F_。

该指令与 G71 基本相同，只是进给方向不同，G71 进给方向为沿 X 轴方向，而 G72 则沿着 Z 轴方向切削进给，如图 4.30 所示。

　　如图 4.30 所示，加工最终轮廓为 BCD 时，起刀点为 A，由 A 到 B 的程序段必须由 $G00$ 完成，而且 $G00$ 指令中不允许出现 X 方向位移，Z 方向移动量与加工 BCD 时 Z 方向移动总量相等。BCD 段加工程序中，不允许出现 $G00$ 指令。

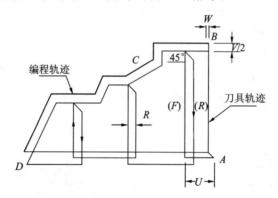

图 4.30　G72 指令参数及用法示意

例 4.11　根据毛坯 $\phi 45 \times 80$ 编写图 4.31 中所示的零件轮廓加工程序。

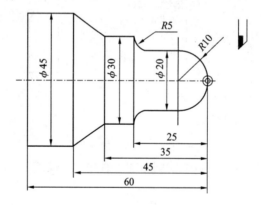

图 4.31　G72 指令编程示例

程序如下：

　　M03 S500

　　G00 X100 Z100

　　T01

　　G00 X48 Z2

　　G72 U3 R1 P40 Q80 V0.5 W0.3 F100——进 3 退 1 加工，精加工部分在 N0040 与 N0080 之间

　　N0040 G00 Z—60

　　G01 X45 F60——粗精加工使用进给量不同

　　Z—45

　　X30 Z—35

Z—25

G03 X20 Z—20

Z—10

G02 X0 Z0

N0080 G01 Z2

G00 X100 Z100

M30

5. 封闭轮廓切削复杂循环指令 G73

指令格式：G73 U_ R_ P_ Q_ V_ L_ W_ F_。

该指令与 G71、G72 指令类似，所不同之处首先是进给方向不同，为沿着最终加工轮廓进刀，见图 4.32。此外，G73 指令部分参数与 G71、G72 略有区别，U、R 参数分别指定 X、Z 方向总的切削厚度，多了一个参数 L，指定粗加工切削次数。

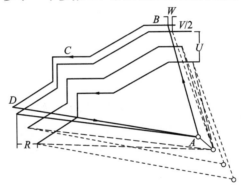

图 4.32　G73 指令进刀方式及参数示意

6. 子程序及调用指令 G20/G22/G24

当一个程序中的某些程序段多次反复出现时，为了提高编码效率，提高程序可读性，可以将这些程序段抽取出来，编制成一个子程序，以调用的方式完成重复代码的使用。华兴系统规定子程序的编号或者名称必须以字母 N 开头。

G20 为子程序调用指令，其格式为 G20 N××××.××××。参数 N 后面跟由小数点分割开的两部分数字，小数点前面数字为子程序名称，最多允许 4 位数字；小数点后面部分指定子程序调用次数，取值范围为 1～255。G20 指令所在的程序段不得出现其他内容。子程序也可以调用子程序，最多可以嵌套 10 次，但不允许调用自身。

G22 指令格式 G22 N××××，后面跟的参数为子程序名。G24 指令位于子程序末尾，功能相当于子程序结束符。

例 4.12　利用子程序调用方式编写图 4.29(b)中所示的零件 AB 段轮廓加工程序。

子程序：N1234

  G22 N1234

  G00 U-2

  G01 W-2 F100

  U20 W-5

  G00 W7

  U-20

  G24

调用该子程序的主程序：P0023

  M03 S500

  G00 X100 Z100

  T01

  G00 X40 Z2

  G20 N1234.5

  G00 X100 Z100

  M30

4.4.5　程序管理

  程序管理指将程序录入数控机床，以及在需要的时候将程序调出进行编辑，或者将不再需要的程序删除的过程。在华兴数控系统中，按下机床面板上主功能键"程序"，进入程序管理界面，如图 4.33 所示，即可进行新程序输入，已有程序查看、编辑及删除等操作。

1. 已有程序管理

  进入图 4.33 界面后，可以看到已有程序列表及下方的功能操作区。利用上下左右方向键（图 4.33 中的 4 个箭头键）可以选择程序，被选中的程序以高亮度显示。

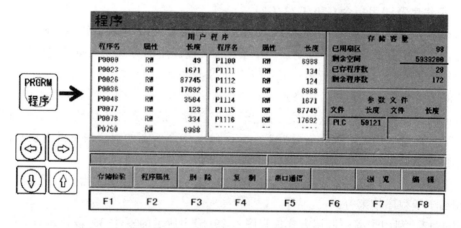

图 4.33　程序管理操作界面及进入该界面的程序主功能键

　　（1）程序查看：当需要查看某个程序时，按下程序管理界面下方的功能键"浏览"（F7），按照系统提示输入要查看的程序编号，即可将该程序调出显示在程序列表区。如果要修改该程序，必须按下该界面上的"编辑"功能键。

　　（2）程序删除：当不再需要某个程序时，按下图 4.33 下方的功能键"删除"，输入要删除的程序名并确认，程序即被删除。

　　（3）程序属性管理：程序属性指程序的只读和可读写等状态。通过设置程序为只读状态，可以防止别人删除该程序或误删除操作。

2. 新程序输入

　　按下图 4.33 下方的功能键"编辑"，系统会要求用户输入程序名，当输入已经存在的程序名时，系统就调出相应程序，用户可以进行编辑、修改操作。如果是输入新程序操作，必须确认所输入的程序名与已有程序名不重复。新程序输入时，系统为用户提供了删除、前删、删行等操作功能，见图 4.34 所示。

　　图 4.34 中，"删除"功能用以删除当前输入错误的字符；"前删"功能用以删除光标所在位置的前一个字符；按下"删行"功能键，删除一行；"行首"、"行尾"、"程序首"、"程序尾"功能用以快速将光标移到到指定位置，提高操作效率。

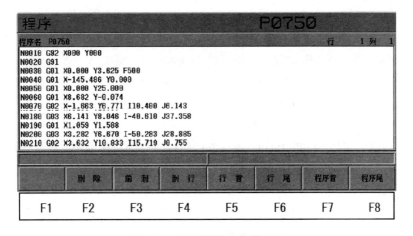

图 4.34　新程序输入操作界面

4.5　切削加工

　　加工程序编制完成并输入数控系统后，就可以进行加工了。为保证安全和加工出正确的工件形状，还要进行对刀操作和图形模拟切削，最终在确定没有问题时，进入自动加工环节，完成零件加工。

4.5.1　对刀操作

在数控车床上，通常采用试切对刀法。根据对刀后处理方式的不同，该类方法又分为刀具几何形状偏置法、预置坐标系法和工件坐标系法。

1. 工件坐标系法

该方法需要在程序中开始使用坐标值之前，利用指令 G92 X_ Z_指定工件坐标系。指令运行仅仅是指定了工件坐标系，刀具不发生任何移动。该方法的关键是 X、Z 坐标值的确定，图 4.35 为确定坐标值的示意图。

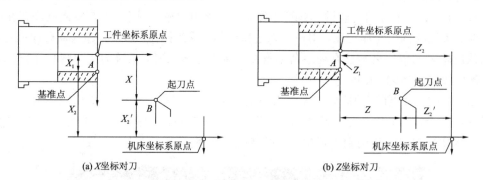

| (a) X坐标对刀 | (b) Z坐标对刀 |

图 4.35　指定工件坐标系对刀法示意

在图 4.35(a)中，手动移动刀具试切工件至基准点 A，则有 $X = X_1 + X_2 - X_2'$，其中 X_2 为机床坐标系中的坐标值，可以由屏幕读取，X_1 则通过游标卡尺测量得到；X_2' 为起刀点的机床坐标系坐标值，也由屏幕读取；由此，就可以计算得到 X 坐标值。

同样的方法，可以由图 4.35(b)中得到 Z 坐标值。

X、Z 坐标值确定后，将指令 G92 补写进已经编写好的程序前面，或者先对刀，完成后再编写程序。

2. 预置坐标系法

通常数控系统提供 G54～G59 等 6 个预置坐标系供用户对刀时选用。

X 向对刀：试切并测量得到 X 坐标值 ϕ_x 后，进入数控系统"刀具偏置 OFFSET"界面，选择 6 个坐标系之一并指定 X 坐标轴，然后输入 ϕ_x。

Z 向对刀：试切时切除一定端面厚度，进入"刀具偏置 OFFSET"界面，选择 6 个坐标系之一并指定 Z 坐标轴，然后输入 0。如果坐标系原点不是当前点，可以测量得到 Z 方向坐标值输入系统即可。推荐将坐标系原点选择在当前点，可以避免测量，减少误差。

该方法可以同时记录 6 个工件坐标系，方便加工不同工件时选用。取消时采用指令 G53。

3. 刀具几何形状偏置法

与预置坐标系方法类似，不过在进入"刀具偏置 OFFSET"界面后，选择的不是坐标系而是当前刀具的编号。

　　几何形状偏置法简单可靠，刀具之间互不干扰，是推荐使用的方法。下面通过华兴系统详细介绍该方法的操作步骤，操作界面见图 4.36。

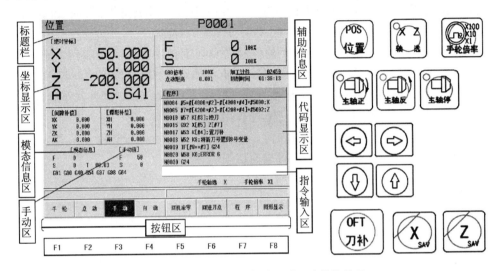

图 4.36　华兴系统几何偏置对刀法操作界面

　　在数控机床操作面板上按下图 4.36 中所示的"POS 位置"按钮，进入左侧所示操作界面。

　　(1) 选择要对刀的刀具：选择界面上的"手动(F3)"键，输入 T01，表示将要对 01 号刀具进行对刀操作。回车确认后，如果刀架上当前位于切削位置的刀具不是 01 号刀具，则刀架将自动旋转换刀，将 01 号刀具置于切削位置。

　　(2) 旋转主轴：图 4.36 中，在"手动"操作状态下，继续输入"M03 S500"并回车确认，机床主轴就以 500 r/min 的转速进行旋转。此外，可以通过机床操作面板上的"主轴正"、"主轴反"和"主轴停"按钮(见图 4.36)控制主轴的旋转状态。

　　(3) 坐标轴移动控制：按下图 4.36 中的"手轮(F1)"键界面，此时就可以利用手轮控制刀具沿着相应坐标轴移动。图 4.36 中的"X、Z 轴选"按钮与手轮配合使用，用于选择手轮控制的坐标轴，重复按下该按钮，可以在 X、Z 坐标轴之间切换。"手轮倍率"按钮选择刀具移动速度，有三个挡位，"×100"最快，当刀具离工件比较远时使用，控制刀具以较快速度移动。当刀具接近工件或进入试切状态时，利用"×10"和"×1"两个挡位，控制刀具慢速移动以避免损伤刀具。进入切削状态时，应根据观察到的切屑排出量多少，控制摇动手轮的快慢，进行均匀切削。

　　(4) X 坐标轴方向对刀操作：利用手轮控制刀具切削掉工件上一薄层材料，出现光滑表面即可，不宜过深或过浅。切削的圆柱表面长度应以能卡下游标卡尺为准，然后将"手轮轴选"选择为 Z 坐标轴，摇动手轮使刀具慢慢退出切削状态并远离工件至不妨碍测量为准。

刀具离开工件之前仍慢速运动，与工件脱离接触后，可以将"手轮倍率"调高，快速移动刀具离开工件。顺序按下图 4.36 中所示的"Xsav"和"OFT 刀补"按钮，系统自动显示为 01 号刀具（前面选择）的 X 向刀偏参数输入，用游标卡尺测量出刚刚测量得到的圆柱面直径，输入并确认，完成 X 向对刀操作。重复按下"OFT 刀补"按钮，系统在 X、Z 向刀偏参数之间自动切换。

（5）Z 坐标轴方向对刀操作：利用手轮控制刀具切削掉工件上一层端面，得到光滑表面，沿着 X 坐标轴方向将刀具退出切削状态，停止主轴旋转。顺序按下"Zsav"和"OFT 刀补"按钮，进入刀补界面，切换至 Z 坐标轴方向参数输入状态，输入"0"并回车确认。

（6）多把刀具对刀操作：如果同一切削过程用到多把刀具，第二把刀具开始，X 方向对刀操作与第一步刀具相同。Z 方向对刀时，必须保证与第一把刀具原点一致，为此，只需让刀具轻轻接触工件端面即可，不进行端面切削。

4.5.2　图形模拟加工

为防止由于粗心导致的编程错误或对刀不准确，数控车床大多提供了图形模拟加工功能。所谓图形模拟加工，就是以图形的方式显示走刀路径及加工轮廓，而刀具与工件可以不产生移动。图 4.37 所示为华兴系统图形模拟切削界面。

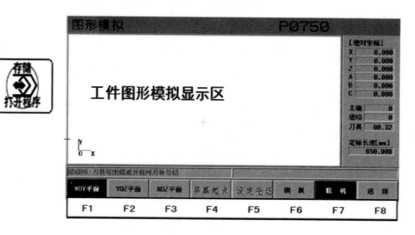

图 4.37　华兴系统图形模拟加工显示操作界面

1. 进入界面

按下图 4.36 界面中的"自动（F4）"键；按下图 4.37 中所示的"存储/打开程序"按钮，输入要模拟的加工程序名称并回车确认；按下图 4.36 界面中的"图形显示（F8）"键，即可进入图 4.37 所示图形模拟加工界面。

2. 模拟加工设置

按下图 4.37 所示界面上的"屏幕起点（F4）"键，设定起刀点。在图形显示区右下方有一个竖线，上端代表刀具刀尖，用户可以通过方向键【←】、【→】、【↑】、【↓】移动竖线的位置。

按下"设定毛坯(F5)"键，分别输入毛坯的长度 L、外径 D 和内径 d 数值，确定毛坯的大小。输入完成后，按下"循环启动"键，模拟显示加工过程。如果发现模拟图形有问题，回到程序管理界面，对程序进行相应修改。

3. 选择模拟加工方式

按下图 4.37 中的"模拟(F6)"键，则只进行图形模拟，而不进行实际加工；按下"联机(F7)"键，则既显示图形模拟加工界面，同时又进行切削加工。

4.5.3　自动加工

顺序按下图 4.36 中的"自动(F4)"键和图 4.37 中的"存储/打开程序"按钮，选择所使用的加工程序并回车确认。然后按下"加工启动"键，程序即可自动运行。

为了防止程序有错误，大多数数控系统提供了程序单段运行功能。如在华兴系统自动加工界面上，通过"单段执行(F5)"键可在单段与连续执行之间切换。在单段执行模式下，用户需要反复按下"循环启动"按钮以每次执行一段程序。需要注意的是，遇到循环加工指令段时，需要按下"循环启动"按钮多次，刀具才产生相应的运动。

第 5 章　数控铣加工及自动编程技术

5.1　引　　言

请思考，如图 5.1 所示的象棋中的"象"字如何在数控铣床中加工？

显然，利用手工编程完成文字加工是相当困难的，因为对于图 5.1 所示的类似轮廓复杂，甚至具有复杂曲面的零件，手工编程不仅将产生大量且繁琐的数值计算，工作量大且易出错。而自动编程则能够利用计算机软件，根据零件图形特点，由用户与系统交互完成工艺规划，并自动产生编程代码，可以很好地实现复杂轮廓类零件的加工。

本书选择西玛 LNC-DX650 雕铣床作为加工工具，CAXA 制造工程师 2015 为自动编程支持软件，详细讲解具有复杂形状轮廓零件的铣削加工过程。根据所选择的工具及软件，完成图 5.1 中零件加工需要

图 5.1　准备加工的简单零件

自动编制程序，程序自动传输至机床，然后通过对刀和加工等铣床操作等步骤完成。下面就以这些步骤为脉络进行详细讲解。

5.2　自动编程介绍

5.2.1　关于 CAXA 数控加工的几个术语

1. 三维模型和加工模型

三维模型是指在系统中构建的由点、线、面和实体组成的几何体的总和。包括可见的和隐藏的几何。

在造型的时候，模型中的面是连续的。例如，球面就是一个理想的光滑曲面。但是在实际加工中是无法加工出理想的连续曲面的。系统会自动地按照给定的精度条件将连续曲面离散成边界相连的一组三角面片。我们称这种由三角面片组成的模型叫加工模型。当精

度给到足够小时，三维模型和加工模型之间的误差就可以忽略。

2. 毛坯

毛坯是在编制加工程序时，给加工模型所定义的未加工材料。若不定义毛坯，则加工轨迹无法生成。双击轨迹管理毛坯项，即弹出毛坯定义对话框，如图 5.2 所示。

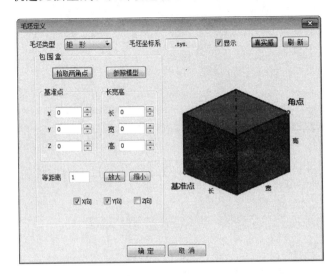

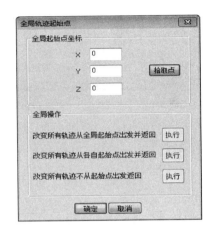

图 5.2　毛坯定义　　　　　　　　　　图 5.3　起点设置

在 CAXA 制造工程师 2015 中，毛坯的可定义类型有四种：矩形、圆柱形、三角片、柱面。

采用哪种类型毛坯要根据所加工的零件的特点来确定。最常用的毛坯类型是矩形。矩形毛坯的尺寸由三种方式来确定：拾取两角点，参照模型，输入长宽高。

3. 起始点

双击轨迹管理中的起始点项即弹出起始点设置对话框，如图 5.3 所示。

计算轨迹时缺省地以全局轨迹起始点作为刀具起点和退刀终点，计算完毕后，该轨迹的刀具起始点可以修改。

在设置全局轨迹起始点时，全局操作项被锁定，不可使用。

4. 刀具库

刀具库是定义、确定刀具的有关数据，以便于用户从刀具库中调用刀具和对刀具库进行维护的数据库。

双击轨迹管理中刀具库项即弹出刀具库设置对话框，如图 5.4 所示。在对话框中可以对刀具的各项参数进行设置或修改。

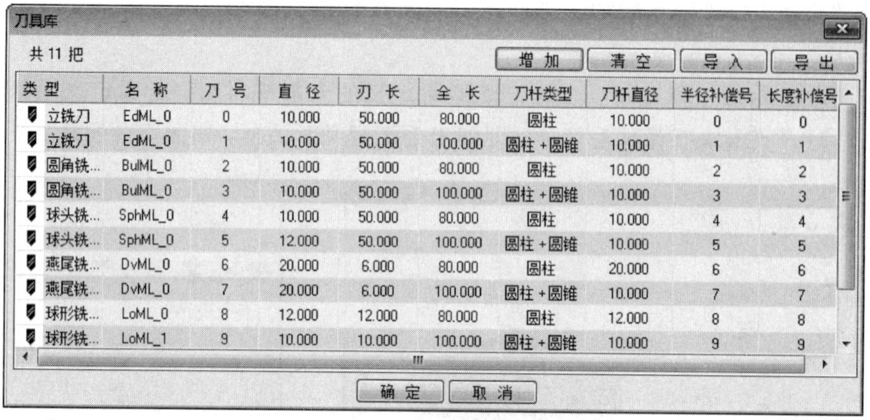

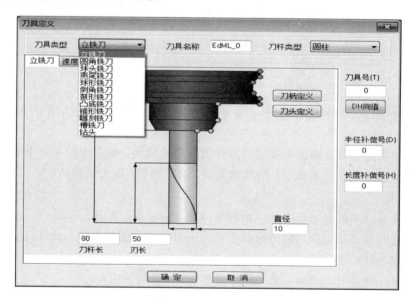

图 5.4　刀具库设置

CAXA 制造工程师 2015 提供包括立铣刀在内的合计 12 种刀具类型。点击增加按钮，即弹出如图 5.5 所示刀具定义对话框。

图 5.5　刀具定义

在对话框中可以设置要增加或要修改的刀具的各项参数。

5. 坐标系

软件的缺省坐标系叫世界坐标系(也叫原始坐标系)。在 CAXA 软件中，系统允许用户同时存在多个坐标系，其中正在使用的坐标系叫做"当前坐标系"，其坐标架为红色，其他坐标架为白色。

在机床编程中使用的是工作坐标系。在软件编程中，在输出机床代码时使用的是当前坐标系。

在编程时，恰当地设定坐标系，可以起到简化刀具轨迹、缩短加工时间的效用。

在 CAXA 制造工程师 2015 中对坐标系可以进行创建、激活、隐藏等操作，如图 5.6 所示。

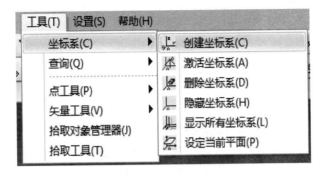

图 5.6　坐标系操作

需要注意的是，在删除坐标系命令中，世界坐标系和当前坐标系是不能删除的。

6. 轮廓、区域和岛屿

轮廓是模型中一系列首位相连的开放或封闭曲线集。轮廓不能有自相交点。区域是封闭的轮廓指定的待加工的某一空间的集合。岛屿是在一个区域中有一部分或几部分需要排除在该区域加工之外的部分。岛屿也由封闭轮廓来指定。轮廓、区域、岛屿的关系如图 5.7 所示。

在生成加工轨迹时，常常需要指定轮廓来指示加工的区域或加工对象本身。用岛屿来指示加工区域中不需要加工的部分。

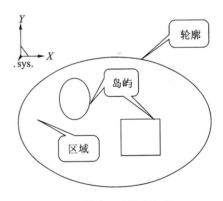

图 5.7　轮廓、区域和岛屿

7. 清根

清根是铣刀沿着面与面之间的凹角运动进行铣削的加工方式。清根加工一般用于大刀具无法加工到的部分进行残余量加工，所使用的刀具较小，一般用于工件的末加工工序。

8. 顺铣和逆铣

顺铣：铣削时，铣刀切出工件时的切削速度方向与工件的进给方向相同，这种铣削方式称为顺铣。顺铣时，刀齿的切削厚度从最大逐渐递减至零。

逆铣：铣刀切入工件时切削速度方向与工件的进给方向相反，这种铣削方式称为逆铣。逆铣时，刀齿的切削厚度从零逐渐增大。

顺铣与逆铣如图 5.8 所示。CAXA 制造工程师 2015 中，顺铣与逆铣表示如图 5.9。

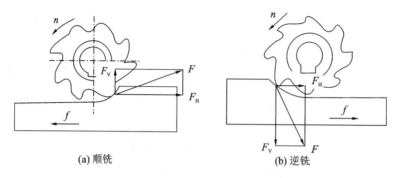

(a) 顺铣　　　　　　　　　　　　(b) 逆铣

图 5.8　顺铣与逆铣

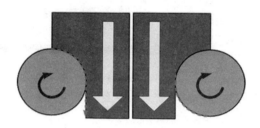

图 5.9　CAXA 中顺铣与逆铣

5.2.2　加工中通用参数的定义与选择

在加工时，需要对加工参数、接近返回方式等进行定义和设定。下面进行说明。

1. 加工参数的设定

在每一种加工方法中，都需要进行加工参数的设定。如图 5.10 所示。

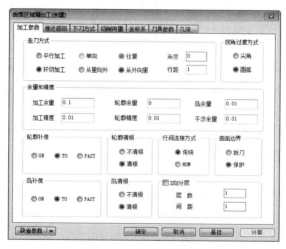

图 5.10　走刀方式设置

1) 走刀方式

典型的走刀方式有平行加工或环切加工。加工时，走刀方式的选择要根据零件的特点来确定。选择时应当遵循以下两个原则：

- 应能保证零件的加工精度和表面粗糙度要求。
- 应使走刀路线最短，减少刀具空行程，提高加工效率。

2) 拐角过度方式

在加工过程中，遇到拐点时，可以选择尖角或圆弧过渡方式。如图 5.11 所示。

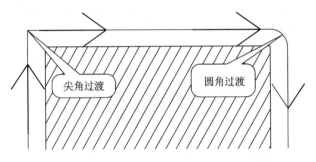

图 5.11　拐角过渡方式

3) 精度和余量

加工精度越大，模型形状的误差也越大，模型表面越粗糙。加工精度越小，模型形状的误差也越小，模型表面越光滑，但是，轨迹段的数目增多，轨迹数据量变大。因此要根据零件的设计和工艺要求来确定合适的加工精度。

在 CAXA 中，加工余量是指加工区域中加工后的毛坯材料的残余量。加工余量可以使用负值。如图 5.12 所示。

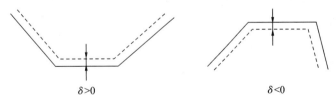

$\delta > 0$　　　　　　　　$\delta < 0$

图 5.12　加工余量设置

2. 切削用量

切削用量是指切削时各运动参数的总称，包括切削速度、进给量、背吃刀量（切削深度）。它是调整刀具与工件间相对运动速度和相对位置所需的工艺参数。

在编程时，应当采用合理的切削用量。充分利用机床性能和刀具的切削性能。在保证加工质量的前提下，获得较高的效率和较低的加工成本的切削用量。不同的加工阶段，对切削要求是不同的。粗加工要求高的毛坯去除率，精加工要求较高的精度或表面加工质量。因此,粗加工一般使用尽可能大的切削深度和进给量,然后再根据所使用的刀具确定合适的切削速度。精加工应当使用较小的切削深度和进给量,并使用尽可能高的切削速度。

在CAXA制造工程师中,每种加工方法中都有切削用量的设置。如图5.13所示为平面区域粗加工的切削用量设置。

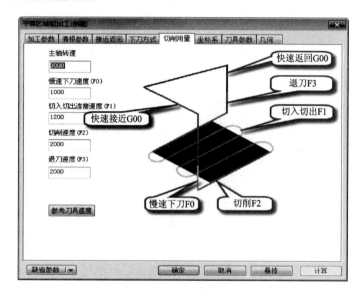

图5.13 切削用量设置

(1) 主轴转速:铣床主轴旋转的角速度。

(2) 慢速下刀速度(F0):从慢速下刀高度到切入工件前刀具的移动速度。

(3) 切入切出连接速度(F1):在往复切削、顺铣和逆铣变换时,对工件和刀具(机床)都有较大冲击,因此需要在两者间进行过度。该速度一般应当小于切削速度。

(4) 切削速度(F2):切削时刀具的移动速度。

(5) 退刀速度(F3):切削完成刀具回到设定的安全高度时刀具的移动速度。

3. 连接参数

1) 连接方式

·接近/返回:从设定的高度接近工件和从工件返回到设定高度。可以选择从安全点、慢速移动距离、快速移动距离来接近。

·行间连接:每行轨迹间的连接。

·层间连接:每层轨迹间的连接。

·区域间连接:两个区域间的轨迹连接。

·间隙连接:加工的刀具轨迹在间隙处的连接。

以上连接方式有直接连接、光滑连接、沿曲面连接、抬刀到安全距离连接、抬刀到慢速移动距离连接、抬刀到快速移动距离连接等连接方式可以选择。在选择连接方式时，选择的是抬刀连接方式并选中"加下刀"选项，则按照设定的下刀方式进行连接。通常使用直接连接以节约加工时间。这时应当进行干涉检查。

2）下刀方式

下刀方式设置用以设置下刀的安全高度、慢速下刀距离、退刀距离、切入方式等。如图 5.14 所示。

图 5.14　下刀方式设置

· 安全高度：指在加工完一个切削循环，切换到下一个切削循环过程中刀具抬起的高度。一般取绝对值。安全高度不仅要考虑到工件形状，同时应当考虑到压（夹）紧装置的避让高度。安全高度不宜设置的过高，以提高加工效率，一般高出 3～5 mm 为佳。

· 慢速下刀距离：指刀具在切入或切削前以慢速开始移动的高度，设定慢速下刀距离主要是为了提高效率。通常，慢速下刀距离应当大于分层高度，以避免扎刀现象。

· 退刀距离：是指在切出或切削结束后的一段刀位轨迹的位置长度，这段轨迹以退刀速度垂直向上进给。

3）下/抬刀方式

下/抬刀方式主要用来设置刀具接近或离开工件的路径形式。常用的有垂直、螺旋、渐切、倾斜等方式。这几种方式几乎适用于所有的铣削加工策略。不同的加工方法，下/抬刀方式设置也有所不同，一般可以根据经验选择。

若使用立铣刀加工内轮廓，由于中心没有切削功能，采用垂直下刀方式容易崩刀。这时，应当采用螺旋或渐切等方式。若使用的是键槽铣刀，因为刀具中心也具有切削功能，所以可以采用垂直下刀方式。

采用螺旋或渐切下刀方式时,半径不能过小,以使刀尖先接触材料,同时下刀也不宜过快,以免崩坏刀尖。

4. 区域参数

区域参数设定是指用以控制加工范围的参数设定,分为 XY 方向和 Z 方向。

1) 加工边界

加工边界用于限定在 XY 面内的加工范围。在选取边界时,刀具中心与边界的位置关系可以分为三种:重合、内侧、外侧。选取不同的位置关系,生成的刀具轨迹是不相同的。具体区别如图 5.15 所示。

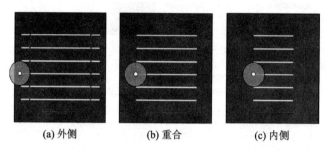

(a) 外侧　　　　　(b) 重合　　　　　(c) 内侧

图 5.15　刀具中心与边界的位置关系

2) 工件边界

选取该项参数后,以工件本身为边界。轮廓的定义如图 5.16 所示。

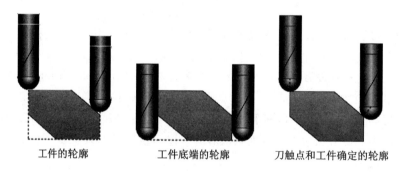

工件的轮廓　　　工件底端的轮廓　　　刀触点和工件确定的轮廓

图 5.16　工件轮廓的定义

· 工件的轮廓:刀心位于工件轮廓上。

· 工件底端的轮廓:刀尖位于工件底端轮廓上。

· 刀触点和工件确定的轮廓:刀接触点位于轮廓上。

3) 高度范围

高度范围用于确定刀具轨迹在 Z 方向的范围。当选定"自动设定"时,以给定毛坯高度

自动设定 Z 的范围。当选择"用户设定"时，用户自定义 Z 的起始高度和终止高度。若设定的起始高度和终止高度值相同，则 CAXA 只在该高度生成刀具轨迹。

4）补加工

该选项用于自动计算前一把刀加工后的剩余量进行补加工。因此需要填写前一把刀的参数以及前一加工工序的加工余量。

5. 干涉检查

干涉是指在加工时，由于需要加工的区域比较狭小或深度过大，造成刀具的某一部分同未加工面接触或碰撞，造成对工件、刀具、机床的损坏。对于这类情况需要进行干涉检查。选中"使用"项后，就可以对干涉检查参数进行设置。干涉检查参数的选择如图 5.17 所示。

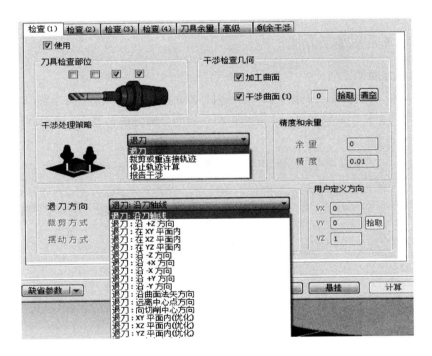

图 5.17　干涉检查设置

刀具检查部位分有四个部分，通常选择刀柄、刀头进行干涉检查。

干涉的处理策略有多种方式，可以根据需要选择。若选择退刀，则退刀方向有沿刀轴线等 16 种方式，一般选择沿刀轴线方向。

在加工时，刀具、工件、机床可能会发生较小的抖动。为避免刀具与工件干涉检查面靠的过近。可以设定刀具余量。刀具余量设置如图 5.18 所示。

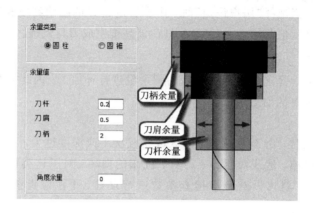

图 5.18　刀具余量设置

5.2.3　CAXA 常用加工方法

1. 平面区域粗加工

平面区域粗加工生成具有多个岛的平面区域的刀具轨迹。该功能不需要生成三维模型，只需使用平面轮廓曲线即可，支持轮廓和岛屿的分别清根设置，生成刀具轨迹速度快。

操作说明如下：

点击"加工"—"常用加工"—"平面区域式粗加工"菜单项，弹出如图 5.19 所示的平面区域粗加工对话框。

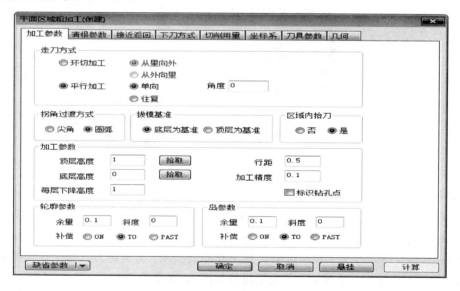

图 5.19　平面区域粗加工参数设置

对话框最下部有确定、取消、悬挂三个按钮。确定表示确认加工参数并开始选取几何等交互工作。取消表示取消当前的操作。悬挂表示保存当前加工参数并开始交互工作，但不计算刀具轨迹，被悬挂的刀路计算在执行生成轨迹批处理命令时才开始。这样可以提高编程的工作效率，而将刀路计算工作放到空闲时执行。

设定好参数后，选择要加工的区域和区域中要避免加工的岛屿，即可生成刀具轨迹。如图 5.20 所示，左边为右边的二维图形采用平面区域加工生成的刀路。

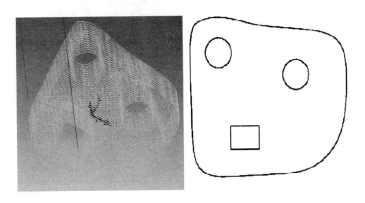

图 5.20　平面区域粗加工刀具轨迹

需要注意的是，轮廓和岛应当在同一平面。平面区域粗加工不能对岛中的岛进行加工。

2. 等高线粗加工

等高线粗加工是指刀具路径在同一高度完成一层切削，遇到曲面或实体时将绕过。等高线粗加工在数控加工应用中使用广泛。适应于大部分粗加工。它可以高效地去除毛坯的大部分余量，并可根据精加工要求留出余量，为精加工打下一个良好的基础；可指定加工区域，减少空切轨迹。

点击点取"加工"—"常用加工"—"多轴等高线粗加工"菜单项，弹出如图 5.21 所示的等高线粗加工对话框。

1）优先策略

对优先策略的参数指定，以减少提刀和空走刀行程为原则。如在模型中有两个或多个较深的腔，若使用区域优先，则会先将一个深腔加工到底部，再加工其他部分，这样就大大减少了提刀次数和空走刀的行程。因此它的加工效率要比层优先的效率高。

2）行距和残留高度

行距是指定 XY 方向的切入量。在使用球头铣刀或圆角铣刀时，会出现波浪形的残留余量，通过指定残留余量的高度（残留高度），CAXA 系统会自动计算行距。若选中了切削轨迹自适应选项，则 CAXA 会自动优化刀具轨迹，以提高效率和加工质量。这时无法指定残留高度项，且连接方式中组内行间连接也无法指定残留高度。

图 5.21　等高线粗加工参数设置

3）层高/层数设置

通过指定每层的高度或层数，自顶向下来确定每层的下刀量。

添加"行切"的走刀方式，可以设定与 Y 轴夹角的角度，如图 5.22 所示。

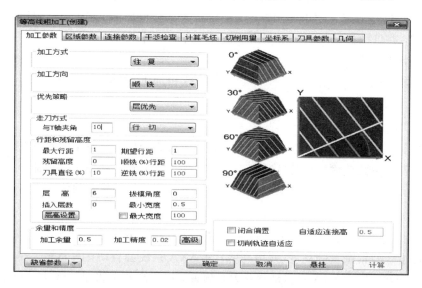

图 5.22　等高线粗加工的加工参数设置

定义好各项参数后，选取需要加工的几何，即生成刀具轨迹。如图 5.23 是采用等高线粗加工方法计算出的刀具轨迹。

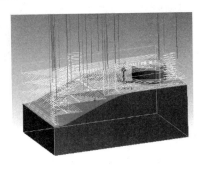

图 5.23　等高线粗加工的刀具轨迹

3. 平面轮廓精加工

平面轮廓精加工属于二轴加工方式，由于它可以指定拔模斜度，所以也可以做二轴半加工。这种方式主要用于加工封闭的和不封闭的轮廓。适合 2/2.5 轴精加工，支持具有一定拔模斜度的轮廓轨迹生成，可以为生成的每一层轨迹定义不同的余量。生成轨迹速度较快。

点击"加工"—"常用加工"—"平面轮廓精加工"菜单项，弹出如图 5.24 所示的平面轮廓精加工对话框，在对话框中进行参数设置。

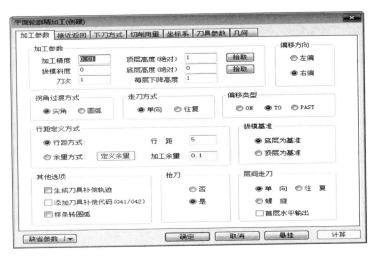

图 5.24　平面轮廓精加工参数设置

这里对图 5.25 左侧所示轮廓线生成精加工轨迹，生成的刀具轨迹如图 5.25 右侧所示。具体操作和参数说明如下：

（1）刀次：可以自行定义生成刀路的行数，最多可定义 10 次。

（2）行距方式：有两种方式可以设定行距、行距方式、余量方式。若采用余量方式，需要指定每刀次加工的余量。余量的次数与刀次相同。

（3）偏移方向：根据加工的轮廓是内轮廓还是外轮廓来选择左/右偏移方向。

需要注意的是，平面轮廓精加工可以在加工时指定拔模斜度，通过指定"当前高度"、"底面高度"及"每层下降高度"，即可定出加工的层数，这样在没有创建三维模型的情况下可以生成三维加工刀具轨迹。拔模斜度是从上底面开始还是从下底面开始，轮廓是不相同的。轮廓线可以是封闭的，也可以是不封闭的。轮廓既可以是

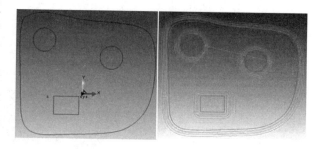

图 5.25   平面轮廓精加工刀具轨迹

XOY 面上的平面曲线，也可以是空间曲线。若是空间轮廓线，则系统将轮廓线投影到 XOY 面之后生成刀具轨迹。可以利用该功能完成分层的轮廓加工。

4. 轮廓导动精加工

导动加工就是平面轮廓法平面内的截面线沿平面轮廓线导动生成加工轨迹。也可以理解为平面轮廓的等截面导动加工。它的本质是把三维曲面加工中能用二维方法解决的部分，用二维方法来解决，导动加工是三维曲面加工的一种特殊情况，而在用二维方法解决这个问题时，又充分利用了二维加工的优点。

点击"加工"—"常用加工"—"轮廓导动精加工"菜单项，弹出如图 5.26 所示的轮廓导动精加工对话框。在对话框中进行导动精加工参数设置。

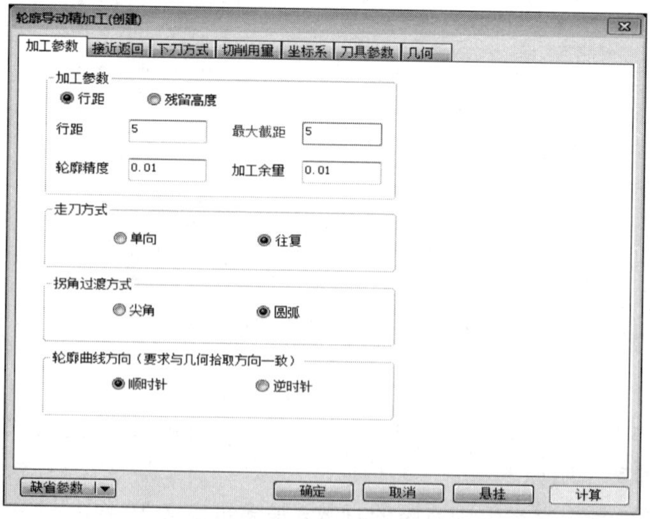

图 5.26   轮廓导动精加工参数设置

1）加工参数

轮廓精度：拾取的轮廓有样条时的离散精度。

截距：沿截面线上每一行刀具轨迹间的距离，按等弧长来分布。

其余参数前面已经做过介绍。我们对图 5.27 所示工件采用轮廓导动精加工方法进行侧壁精加工。

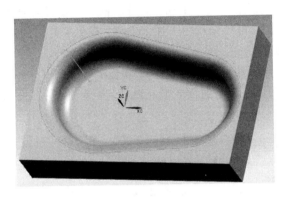

图 5.27　待加工侧壁的凹形腔体

设置好参数，依次选择图 5.28 左侧轮廓线和截面线，点击确定后生成如图 5.28 右侧所示的刀具轨迹。

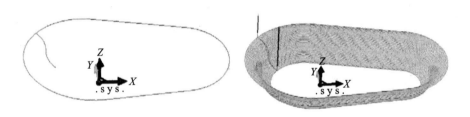

图 5.28　轮廓导动精加工刀具轨迹

2）导动加工的特点

·做造型时，只作平面轮廓线和截面线，不用作曲面，简化了造型。

·作加工轨迹时，因为它的每层轨迹都是用二维的方法来处理的，所以拐角处如果是圆弧，那么它生成的 G 代码中就是 G02 或 G03，充分利用了机床的圆弧插补功能。因此它生成的代码最短，但加工效果最好。

·能够自动消除加工中的刀具干涉现象。无论是自身干涉还是面干涉，都可以自动消除，因为它的每一层轨迹都是按二维平面轮廓加工来处理的。平面轮廓加工中，在内拐角为尖角或内拐角 R 半径小于刀具半径时，都不会产生过切，所以在导动加工中不会出现过切。

·加工效果好。由于使用了圆弧插补，而且刀具轨迹沿截面线按等弧长均匀分布，因此可以达到很好的加工效果。

·适用于常用的三种刀具：端刀、R 刀和球刀。

·截面线由多段曲线组合，可以分段来加工。在有些零件的加工中，轮廓在局部会有所不同，而截面仍然是一样的。这样就可以充分利用这一特点，简化编程。

·沿截面线由下往上还是由上往下加工，可以根据需要任意选择。当截面的深度不是很深（不超过刀刃长度）时，可以采用由下往上走刀，避免了扎刀的麻烦。

5. 曲面轮廓精加工

生成一组沿轮廓线加工曲面的刀具轨迹的加工方法如下：

点击"加工"—"常用加工"—"曲面轮廓精加工"菜单项，弹出如图 5.29 所示的曲面轮廓精加工对话框。

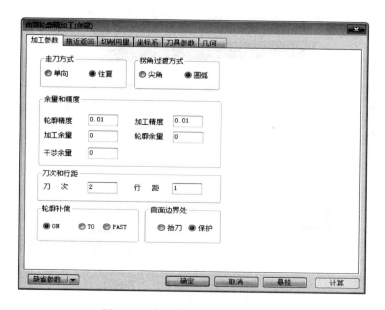

图 5.29　曲面轮廓精加工参数设置

对于"接近返回"、"切削用量"等前面已经介绍。下面仅对"加工参数"进行介绍。

各种参数的含义和填写方法如下：

（1）行距和刀次：行距——每行刀位之间的距离；刀次——产生的刀具轨迹的行数。

注意：在其他的加工方式里，刀次和行距是单选的，最后生成的刀具轨迹只使用其中的一个参数，而在曲面轮廓加工里刀次和轮廓是关联的，生成的刀具轨迹由刀次和行距两个参数决定。如图 5.30 所示。左边部分是对红色的封闭轮廓线右侧进行加工的刀具轨迹，右边部分是对红色的开放轮廓线左侧进行加工的刀具轨迹。

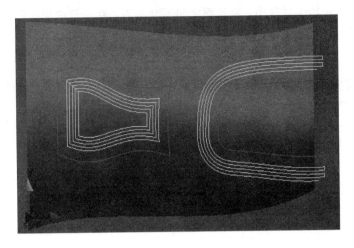

图 5.30　曲面轮廓精加工刀具轨迹

图 5.30 中刀次为 5，行距为 1.5 mm，如果想将轮廓内的曲面全部加工，又无法给出合适的刀次数，可以给一个大的刀次数，系统会自动计算并将多余的刀次删除。如图 5.31 中设定刀次数为 50，但实际刀具轨迹的刀次数为 10。

图 5.31　曲面轮廓精加工刀次设置

（2）轮廓精度：拾取的轮廓有样条时的离散精度。

（3）轮廓补偿：ON——刀心线与轮廓重合；TO——刀心线未到轮廓一个刀具半径；PAST——刀心线超过轮廓一个刀具半径。

6. 曲面区域精加工

曲面区域精加工用于加工曲面上封闭区域，一般应用于曲面局部精加工，常见于铣槽、铣文字、图案等较小的局部特征的精细加工。曲面可以是某一曲面的局部，也可以是一组曲面的局部。在加工过程中，面和面之间不会抬刀，利于节约加工时间。

点击"加工"—"常用加工"—"曲面区域精加工"菜单项，弹出如图 5.32 所示的曲面区域精加工对话框。

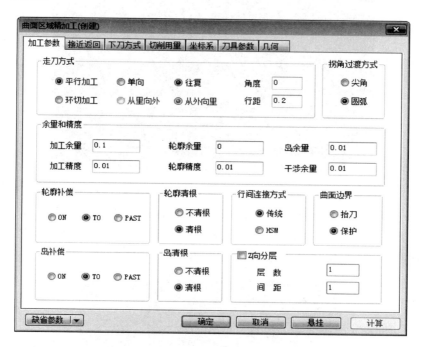

图 5.32　曲面区域精加工参数设置

曲面区域精加工中各参数的设置同前面其他加工方法设置类似，这里不再详述。

曲面区域精加工同样不能针对岛中岛进行加工。

7. 参数线精加工

自由曲面一般是参数曲面。参数线加工是生成单个或多个曲面按照曲面参数线前进的刀具轨迹。

点击"加工"—"常用加工"—"参数线精加工"菜单项，弹出如图 5.33 所示的参数线精加工对话框。

参数线精加工切入切出方式增加了按指定矢量方向方式切入。

（1）加工余量：加工曲面时的预留量。可以为负值。

（2）干涉（限制）余量：处理干涉面（限制面）时所取的余量。

（3）干涉检查：确定是否对被加工面本身进行干涉检查。当曲面曲率半径大于刀具半径时，此项选中与否，生成的刀具轨迹是不相同的。

（4）行距参数可以采用残留高度，刀次，行距三种方式来定义，对精度或表面质量要求较高的面一般采用残留高度的方式。

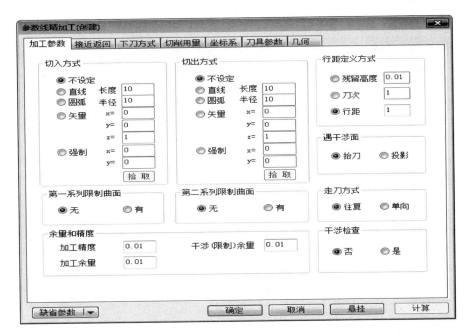

图 5.33　参数线精加工参数设置

（5）限制曲面：将加工的刀具轨迹限制在一定的范围内。

计算刀具轨迹时，干涉面和限制面的处理不同，刀具轨迹在干涉面处让刀，在限制面处停止。

如图 5.34 所示是采用参数线精加工所得到的刀具轨迹。当选择多个加工面时，需要对每一个面逐步确定加工方向。

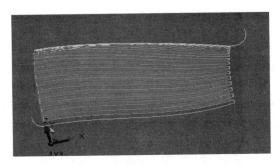

图 5.34　参数线精加工刀具轨迹

8. 投影线精加工

投影线精加工是将已有的加工刀具轨迹投影到一个或一组待加工面上。

点击"加工"—"常用加工"—"投影线精加工"菜单项，弹出如图 5.35 所示的投影线精加工对话框。

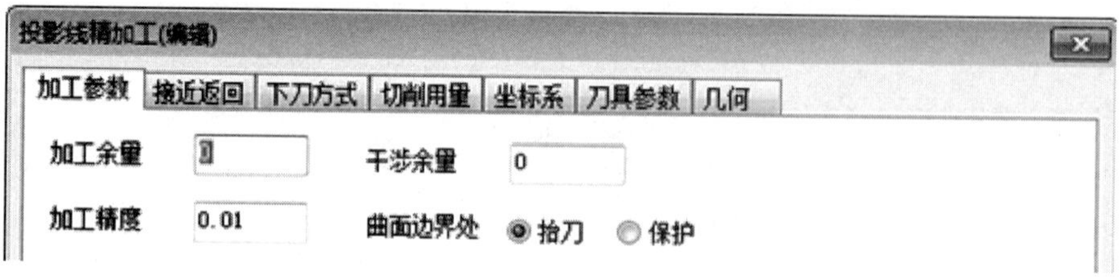

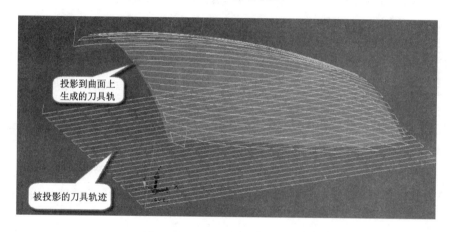

图 5.35　投影线精加工参数设置

如图 5.36 所示，将平面的刀具轨迹投影到曲面上。

投影到曲面上
生成的刀具轨

被投影的刀具轨迹

图 5.36　投影线精加工刀具轨迹

注意：在曲面边界处，若选中"保护"，则刀具到达边界后仍然向外延伸一部分。以确保整个面完整均匀加工。同"抬刀"的区别如图 5.37 所示。

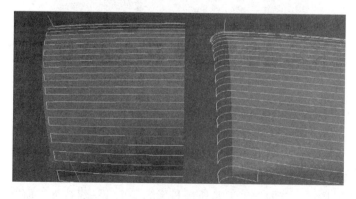

图 5.37　投影线精加工边界参数设置

9. 等高线精加工

等高线精加工在同一高度绕曲面进行加工，一般适用于斜度较大或孔的精加工。可以节约抬刀时间。

点击"加工"—"常用加工"—"等高线精加工"菜单项，弹出如图 5.38 所示的等高线精加工对话框。

图 5.38　等高线精加工参数设置

大部分参数前面已经作过说明，这里仅对部分参数加以介绍。

（1）优先策略：分为层优先或区域优先。一般当在加工沿 Z 方向有一个以上凸起或凹陷区域时，选用区域优先能节约加工时间。优先策略如图 5.39 所示。

图 5.39　等高线精加工优先策略

（2）层高自适应：若选中此项，则在缓斜面上，相同 Z 值情况下，XY 的步距变化很大。限制次步距的最大值，插入等步距路径。如图 5.40 所示。

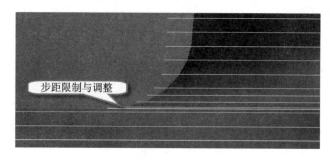

图 5.40　等高线精加工层高设置

（3）坡度范围参数：选择使用后能够设定从 Z 轴正方向开始倾斜面角度和加工区域，如图 5.41 所示。

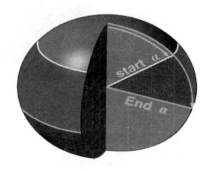

图 5.41　等高线精加工坡度范围参数设置

（4）斜面角度范围：在斜面的起始和终止角度内填写数值来完成坡度的设定。

（5）加工区域：选择所要加工的部位是在加工角度以内还是在加工角度以外。

图 5.42 所示为等高铣某模具的刀具轨迹。

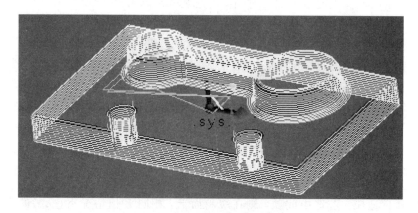

图 5.42　等高线精加工刀具轨迹

10. 曲线式铣槽加工

曲线式铣槽是利用带有底刃的刀具沿给定的曲线轨迹在工件上铣槽。

点击"加工"—"常用加工"—"曲线式铣槽"菜单项，弹出如图 5.43 所示的曲线式铣槽对话框。

图 5.43　曲线式铣槽参数设置

曲线式铣槽可以按给定的曲线轨迹直接铣槽，也可以选定投影到模型上的选项而沿投影线铣槽。同时可以设定是否粗加工。开始位置可以直接拾取几何，也可以按刀次加工。若选择刀次则根据层高和刀次自动计算开始高度。

其余参数前面已经做过介绍，这里不再叙述。

如图 5.44 是采用曲线式铣槽方式得到的刀具轨迹。

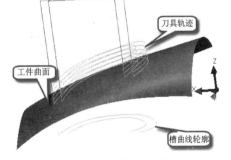

图 5.44　曲线式铣槽刀具轨迹

11. 扫描线精加工

下面以扫描线精加工生成一组在 XY 平面上的投影平行的刀具轨迹为例介绍扫描线精加工。

点击"加工"—"常用加工"—"扫描线精加工"菜单项，弹出如图 5.45 所示的扫描线精加工对话框。

图 5.45　扫描线精加工参数设置

在加工参数中，可以设定刀具轨迹与 Y 轴的夹角。当刀刃在切削坡度很大的位置时，切削量会显著增大，这时可以选中在全刃长切削处添加刀次，CAXA 在计算刀具轨迹时，会自动在该位置处添加切削刀次。如图 5.46 所示。

如图 5.47 是设定刀具轨迹与 Y 轴夹角为 50°时的刀具轨迹。

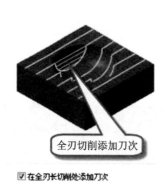

图 5.46　全刃长切削添加刀次示意

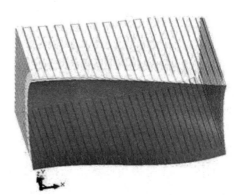

图 5.47　扫描线精加工刀具轨迹

12. 平面精加工

平面精加工是在模型较为平坦部分生成精加工刀具轨迹。

点击"加工"—"常用加工"—"平面精加工"菜单项，弹出如图 5.48 所示的平面精加工对话框。

图 5.48　平面精加工参数设置

平面精加工根据设定的加工参数,自动识别模型中平坦的区域,并生成加工轨迹,提高了刀具轨迹的生成效率。如图 5.49 所示是采用平面精加工所得到的刀具轨迹。

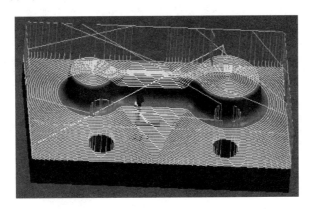

图 5.49　平面精加工刀具轨迹

13. 笔式清根加工

这种加工方式生成笔式清根加工轨迹,一般用于角落部位未加工完的余量清理加工。

点击"加工"—"常用加工"—"多轴笔式清根加工"菜单项,弹出如图 5.50 所示的对话框。对话框的内容包括:加工参数、区域参数、连接参数、干涉检查、切削用量、坐标系、刀具参数、几何等八项。区域参数等前面已有介绍。

可以采取单刀清根或多层清根方式进行清根。选中多层清根,设定刀次,则生成的刀具轨迹数量同设定的刀次的关系为:刀次×2+1=刀具轨迹数。

笔式清根刀具轨迹局部放大图如图 5.51 所示。

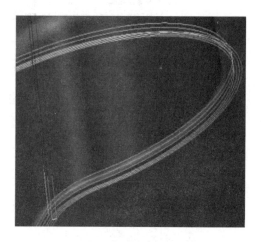

图 5.50　笔式清根加工参数设置　　　　　　　图 5.51　笔式清根加工刀具轨迹

14. 曲线投影加工

将平面上的曲线在模型某一区域内投影生成加工轨迹。该功能常用于模型表面刻字、花纹等的加工。加工效率和效果都很好。

点击"加工"—"常用加工"—"曲线投影加工"菜单项，弹出如图 5.52 所示的曲线投影加工对话框，在对话框中进行各项参数设置。

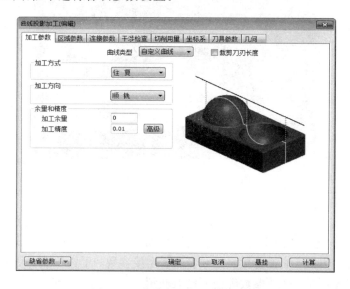

图 5.52　曲线投影加工参数设置

需要注意的是，投影曲线应当是平面曲线。在曲线类型选项中有多种线型可以选择，也可以用户自定义。图 5.53 所示是对 XY 平面内的 CAXA 字符曲线的投影加工。

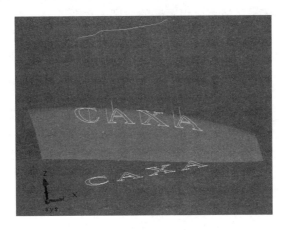

图 5.53　曲线投影加工刀具轨迹

15. 三维偏置加工

三维偏置加工是根据模型形状来定义行距进行加工的方法。在三维模型上以固定的步距来计算刀具轨迹，这样在加工过程中刀具的负荷将非常平均。加工后具有相同的残留高度，能够产生更高质量的表面质量。这种加工方式常用于高速加工。

点击"加工"—"常用加工"—"三维偏置加工"菜单项，弹出如图 5.54 所示的三维偏置加工对话框。在对话框中进行各项参数设置。

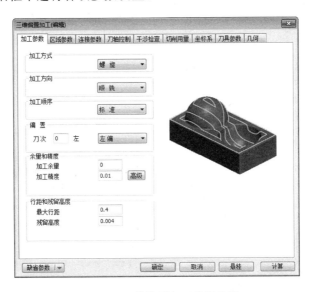

图 5.54　三维偏置加工参数设置

　　三维偏置加工可以使用边界线将加工限制在平坦区域。对于比较陡峭的区域，一般使用等高精加工。平坦和陡峭区域可以用不同的坡度来选择。

　　三维偏置加工可以指定刀次、加工顺序、选择区域曲线的左侧/右侧//或两侧。由此生成的刀具轨迹是不同的。如图 5.55 所示为三维偏置加工生成的刀具轨迹，右侧为加工参数。

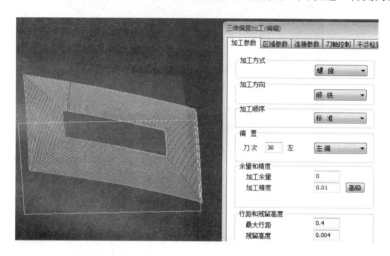

图 5.55　三维偏置加工刀具轨迹

16. 轮廓偏置加工

这是根据模型的轮廓形状生成刀具轨迹的加工方法。

点击"加工"—"常用加工"—"轮廓偏置加工"菜单项，弹出如图 5.56 所示的轮廓偏置加工对话框。

图 5.56　轮廓偏置加工参数设置

其中，轮廓偏置方式有等距和变形过渡两种方式：等距方式，生成等距的刀具轨迹线；过渡方式，轨迹线根据形状改变。当选中过渡项时，需要自定义内外两条轮廓线。图 5.57 是两种偏置方式生成的刀具轨迹线的比较。

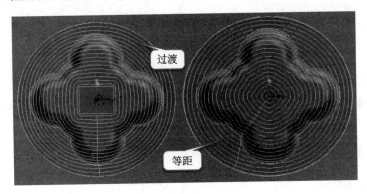

图 5.57　轮廓偏置加工的刀具轨迹

17. 工艺钻孔加工

1）工艺钻孔设置

点击"加工"—"其他加工"—"工艺钻孔设置"，弹出如图 5.58 所示的工艺钻孔设置对话框。

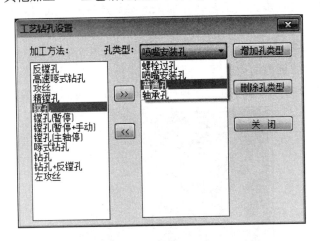

图 5.58　工艺钻孔设置

在该对话框中，用户可以通过增减的方式选择需要加工的某类型的孔的加工方法。孔的类型可以由用户自行定义。

2）工艺钻孔加工

点击"加工"—"其他加工"—"工艺钻孔加工"，弹出如图 5.59 所示的"工艺钻孔加工向导"对话框。向导分四步，分别是定位方式选择—路径优化—选择孔类型—设定参数。

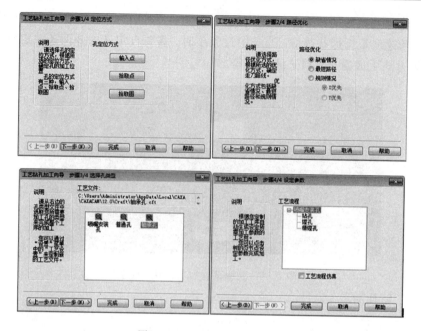

图 5.59　工艺钻孔加工向导

根据向导的提示，逐步完成工艺钻孔加工的参数选择并生成刀具轨迹。

18. 雕刻加工

CAXA 制造工程师提供了利用灰度图片进行雕刻加工的方法。可以进行图像浮雕加工，或将图像投影加工到曲面上。

图 5.60 是将左侧的灰度图片进行浮雕图像浮雕加工后得到右侧的实体模拟加工的效果。

图 5.60　图像浮雕加工

19. 知识加工

知识加工是记录下已经成熟或定型的对某种产品的加工程序并运用于同类零件的加工。利用好 CAXA 的知识加工功能，能在实际工作中降低工作强度，大大提高工作效率。

知识加工有如下两个子功能：

·生成模板：用于记录加工流程中如使用的刀具、加工范围、进给等各个工步的参数，并保存为.cpt 文件以利于调用。

·应用模板：选择已有的模板文件并将模板文件中所包含的加工工艺参数应用于新的零件加工中。

20. 小结

在编制程序时需要考虑如下问题：

（1）设定恰当的坐标系，选择合适的定位基准，有利于在加工时提高工作效率。

（2）确定加工工艺。对粗加工、半精加工、精加工、清根、钻孔等工序段应合理安排顺序和加工范围。在某一工序段采取何种加工方式，对加工的效率和质量有很大影响。

（3）合理选择刀具。数控加工中刀具的合理选择是保证加工质量和提高效率的关键。刀具的选用与机床性能，材料，工件形状、精度、表面质量要求，生产进度要求等相关。编程人员的经验和习惯在刀具的选用中占很大的因素。

（4）切削参数的确定。切削参数同工件状态、机床性能、刀具选用有较大关系。

5.2.4　后置处理

后置处理就是结合所使用的具体机床型号把系统生成的刀具轨迹转化成该类型机床能够识别的 G 代码，生成的 G 代码可以直接输入数控机床用于加工。

考虑到生成程序的通用性，CAXA 制造工程师针对不同的机床，可以设置不同的机床参数和特定的数控代码程序格式，同时还可以对生成的机床代码的正确性进行校核。

后置处理模块包括后置设置、生成 G 代码、校核 G 代码等功能。

点击"加工"—"后置处理"—"后置设置"菜单项，弹出如图 5.61 所示的后置设置对话框。

图 5.61　后置设置

在对话框中，有 CAXA 制造工程师预设的各种系统的后置处理文件。选择所使用的机床型号，点击编辑，弹出如图 5.62 所示后置参数设置对话框，在该对话框中即可以对后置处理参数进行设置。后置处理参数设置主要是对机床控制参数、程序格式参数进行设置。机床控制参数主要针对主轴转速及方向、插补方法、刀具补偿、冷却控制、程序起停以及程序首尾控制符等进行设置。程序格式参数包括：程序说明、换刀格式、程序行控制等内容。

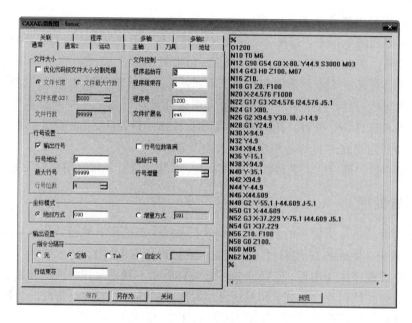

图 5.62　后置参数设置

一般情况下，可以直接使用 CAXA 系统提供的后置处理设置进行后置处理。若我们需要对后置参数进行设置或修改，必须阅读该机床的使用说明书并对控制系统和代码非常了解，方可以进行设置。若使用设置不当的后处理文件进行 G 代码生成，往往会出现意想不到的结果。

5.2.5　DNC 通信

数控机床程序输入目前有几种基本方法：

（1）人工通过数控机床系统面板手动输入程序。人工输入编辑及修改不便，而且容易出错，不便检查，尤其是遇到加工复杂零件时，加工程序段过长输入时需要花费很长的时间。

（2）通过数控机床 CF 卡/USB 接口，利用 CF 卡/U 盘拷贝程序。

（3）利用 DNC 通信（电脑与数控系统之间的串口连接，即 DNC 功能）输入程序。

CAXA 制造工程师 2015 提供了方便的本地和网络 DNC 接口，并集成了 FANUC、

SIEMENS等系统输入通信参数，同时还提供了华中数控在线加工功能，方便用户进行程序输入。

5.3　数控铣加工编程

数控铣加工编程与第 4 章数控车床编程程序格式类似，大多数指令代码可以通用。当对某一特定数控铣床进行手工编制程序时，需要认真阅读该机床的用户手册，并按照该手册所规定的程序格式、指令代码参数进行使用，否则产生的结果无法预测。

这里我们以广泛使用的 FANUC SERIES 0i-MODEL D 系统为例来说明部分常用的指令代码的使用。

5.3.1　关于坐标系的指令

1. 机床坐标系指令

G53：选择机床坐标系指令，使刀具快速定位到机床坐标系中指定坐标点处。使用 G53 指令定位刀具时，同时清除了刀具半径补偿和长度补偿，一般在换刀的时候使用。G53 属于非模态指令，它必须是绝对指令，在增量方式下会被忽略。

格式：G90 G53 XnYn Zn;

2. 工件坐标系指令

当我们将工件利用夹具在机床上固定好后，我们需要在方便编程的前提下设定工件坐标系原点，通过测量得到该工件坐标系原点和机床坐标系原点的距离，并把测得的距离在数控系统中设定，该距离也叫工件的零点偏置，如图 5.63 所示。

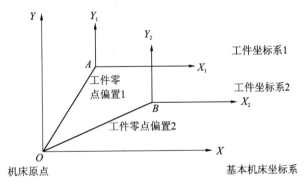

图 5.63　工件零点偏置

常用设定工件坐标系代码的方式有以下两种：

1）G54～G59

G54(或 G55～G59)书写格式为：G54 XnYn Zn;

G54(或 G55~G59)为模态指令。通常系统会在上电并回零后自动选择 G54 为当前工件坐标系。在加工前，机床操作员通过对刀确定工件零点偏置后，在 MDI 模式下将对应的坐标值输入到相应的工件坐标系中，在编程时再在程序中调用。这些设定的工件坐标系在机床断电后仍然保存在机床系统中而不会丢失，在下次开机后可以直接使用。

在加工时，为了编程方便，可以对不同加工部位设置不同的工件坐标系。不同工件坐标系可以根据图纸的坐标值换算来设定，而不需要重新对刀。

G54(或 G55~G59)本身不是移动指令，若需要将刀具移动到 G54(或 G55~G59)原点，需要使用 G00 等移动指令。

下面以一个简单的例子说明 G54~G59 等指令的应用，如图 5.64 所示。

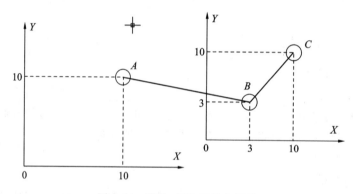

图 5.64   G54，G55 工件坐标系

我们使刀具从 G54 坐标系的 A 点移动到 G55 坐标系的 B 点，然后到 C 点。程序如下：

……

N0010   G54；   激活工件坐标系 G54

N0020   G00 X10 Y10；刀具移动到 G54 工件坐标系中的 X10，Y10 点

N0030   G55 X3 Y3；   激活 G55 工件坐标系，并将刀具移动到 G55 坐标系中的 X3，Y3 点

N0040   X10，Y10；   将刀具移动到 G55 坐标系中的 X10，Y10 点

……

2) G92

书写格式为：G92 Xn Yn Zn；

G92 是非模态指令，机床断电后工件坐标系原点会丢失。

使用 G92 设定工件坐标系，在开始加工前，刀具必须人工移动到加工程序段指定的起始位置。使用 G92 指令，工件坐标系的原点会随刀具的起始点变化而变化。G92 是把刀具的当前位置设定在新坐标系中的坐标值，无需指定坐标系原点，由系统自动计算。

当指定了 G92 指令后，系统自动取消了刀具半径补偿，在后续的程序段中，应当重新指定刀具半径补偿，否则会出错。G92 同样不是机床移动指令。

下面为应用 G92 指令的简单例子。

......

N0010 G55 G00 X100 Y100；　　在 G55 工件坐标系中将刀具移动到 X100，Y100 点

N0030 G54 X50 Y50；　　　　　在 G54 中将刀具移动到 X50 Y50 点

N0040 G92 X10 Y10；　　　　　将刀具所在位置定义为新的 G54 坐标系中的 X10Y10 点，G55 坐

标系同时移动相应增量

N0050 X50 Y50；　　　　　　　在新的 G54 坐标系中移动刀具到 X50Y50 点

N0060 G55 X100 Y100；　　　　在新的 G55 坐标系中移动刀具到 X100Y100 点

......

5.3.2　关于刀具补偿的指令

1. 刀具半径补偿

在数控铣加工中，刀具中心运动轨迹同工件轮廓是不重合的。我们在编程时，一般是以工件轮廓尺寸作为编程的轨迹。因此，在实际加工时需要考虑刀具半径的影响，需要使刀具中心的运动轨迹同工件轮廓有一定的偏移量。通过设定刀具半径补偿，可以以工件轮廓为编程轨迹，再由系统根据编程轨迹和刀具半径自动计算出刀具中心轨迹。

常用的刀具半径补偿指令有

1）G41 刀具半径左补偿指令

沿着刀具运动方向看（假定工件不动），刀具位于工件左侧的补偿为刀具半径左补偿。

2）G42 刀具半径右补偿指令

沿着刀具运动方向看（假定工件不动），刀具位于工件右侧的补偿为刀具半径右补偿。

指令格式为：G17（或 G18 或 G19）G00（或 G01）G41（或 G42）DnXnYn（或 XnZn 或 YnZn）；

指令说明：

·G17/18/19：选择插补平面，系统默认为 G17。

·Dn 为刀补号，地址用 D00～D99 表示，用来调用内存中刀具半径补偿的数值。

·XnYn、XnZn、YnZn 为建立补偿直线段的终点坐标值。

3）G40 取消刀具半径补偿指令

指令格式：G17（或 G18 或 G19）G00（或 G01）G40XnYn（或 XnZn 或 YnZn）；

指令说明：

XnYn、XnZn、YnZn 为取消补偿直线段的终点坐标值。

4）注意事项

·G41/G42 均为模态指令。

·G41/G42/G40 只能在 G00/G01 指令段中使用，不能用于 G02/G03 指令段。

·G41/G42 刀具半径补偿应当在程序结束前使用 G40 注销，否则刀具中心将无法回到程序原点。

·灵活应用刀具半径补偿指令可以实现用已有加工程序或已编制好的程序进行粗加工、精加工：粗加工刀补值＝刀具半径＋精加工余量；精加工刀补值＝刀具半径。

·刀具半径补偿值可以为负值，当取负值时，G43 实现负向补偿，G44 实现正向补偿。

2. 刀具长度补偿

数控铣床加工工件时，常需要使用多种刀具。由于刀具长度不同，或者同一把刀，由于磨损、重磨变短等原因重新装夹后刀具刀位点会发生变化。在编程时，可以将刀位点设置在同一基准(如：可以是主轴的前端面或标准刀具对刀时的刀位点)而不需要考虑实际刀具的长度偏差。加工时的实际刀位点由长度补偿功能来修正而无需改变程序。

1) G43——正向刀具长度补偿指令

指令格式：G43 ZnHn；

其中 Z 为指令终点位置。实际执行的 Z 坐标为：$Z* =Zn+(Hn)$。如：G91G00G43H01Z100；(H01＝50)和 G91G00Z150 是等效的指令，均是走刀到 Z150 处。但第一段程序比第二段方便，可以适用于不同刀具。当换刀后，第一段只需要修改 H01 的值。第二段程序换刀后，刀具长度、刀位点等都发生了变化，若要达到换刀前的效果，则还需要修改程序，同时还需要重新对刀。

2) G44——负向刀具长度补偿指令

指令格式：G44ZnHn；

其中 Z 为指令终点位置。实际执行的 Z 坐标为：$Z* =Zn-(Hn)$。

3) G49——取消刀具长度补偿指令

指令格式：G00G49 Zn；

其中 Z 为指令终点位置。

4) 注意事项

·G43/G44/G49 均为模态指令，可以相互注销。

·G43/G44/G49 只能在 G00/G01 指令段中使用，不能用于 G02/G03 指令段。

·在机床回参考点时，除非使用 G27、G28、G30 等指令，否则必须取消刀具长度补偿。为了安全，在一把刀加工结束或程序段结束时，应取消针对该刀具的长度补偿。

·应用刀具长度补偿指令可以简化加工程序。在编制程序时，忽略不同刀具长度对编程数值的影响，仅以标准刀具进行编程。这个假想长度也可以是 0，以简化编程中不必要的计算，在正式加工前再把实际刀具长度与标准刀具长度的差值作为该刀具的长度补偿数值设置到其所使用的 H 代码地址内。

·刀具长度补偿值可以为负值，当取负值时，G41 实现右补偿，G42 实现左补偿。

· 一般为了避免失误，系统默认通过设定参数使刀具长度补偿只对 Z 轴有效。

· G49 可以用 H00 替代。H00 地址中数值一直为 0。

· 当刀具长度补偿和半径补偿同时使用时，应当将含有刀具长度补偿的程序段放置在含有刀具半径补偿的程序段之前，否则半径补偿无法执行。

5) 刀具长度补偿程序编制举例

我们对如图 5.65 所示零件中的孔进行钻孔加工。

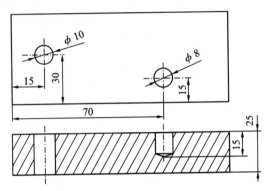

图 5.65　刀具长度补偿钻孔

分别使用长度为 120 mm 的 ϕ10（设置为 T01）和长度为 80 mm 的 ϕ8（设置为 T02）钻头进行钻孔加工。

现使用理想刀具编程（长度为 100）。因此可以设定 H01＝20，H02＝－20。

程序设定：工件坐标系 G54 原点位于工件左下方上表面角点，钻孔循环初始平面高度为 Z＝50，R 平面高度为 Z＝5，刀具补偿基准点为主轴前端面。

程序如下：

N0010 M06 T01;	换 T01 号刀
N0020 G90 G54 G00 X15 Y30;	使用绝对编程方式，快速移动刀具到 $\varnothing$10 孔上方
N0030 G43 H01 Z50 S600 M03;	理想刀具移动到 Z50，实际刀具移动到 Z70
N0040 M07;	1 号切削液开（模态）
N0050 T02;	刀库移动 2 号刀具到换刀位但不换刀（后面程序继续执行）
N0060 G98 G73 Z-35 R5 Q5 F200;	设定 R 平面 Z 坐标为 5，钻孔循环深度为 5，使用深孔钻削循环以进给 200 mm/min 钻孔，钻孔深度为 35 mm，以保证孔的完整性，完成后返回到初始平面 Z＝50
N0070 M09;	切削液关（模态）
N0080 G28 Z0;	返回到换刀点
N0090 M06;	换 T02 号刀

N0100 G00 X70Y15；	快速移动刀具到∅8孔上方
N0110 G43 H02 Z50；	理想刀具移动到Z50，实际刀具移动到Z30
N0120 M07；	1号切削液开（模态）
N0130 G98 G73 Z-15 R5 Q5 P1000 F200；	设定R平面Z坐标为5，钻孔循环深度为5，使用深孔钻削循环以进给200 mm/min钻孔，钻孔深度为15 mm，底部停止1秒，完成后返回到初始平面Z＝50
N0140 M09；	切削液关（模态）
N0150 G28 Z0；	返回到换刀点
N0160 T00；	刀库停止
N0170 M06；	T02换回刀库
N0180 M05；	主轴停止
N0190 M02；	程序结束

3. 孔加工固定循环指令

在数控系统中，一般将钻孔加工中的"孔定位、快速进给、工作进给、快速回退"等固定动作使用一条G指令来完成，简化了程序的编写工作。这类G指令成为孔加工固定循环指令。

1）孔加工固定循环

孔加工固定循环通常由以下6个动作组成：

动作一　X轴和Y轴定位，刀具快速定位到要加工孔的中心位置上方。

动作二　快进到R点，刀具自初始点快速进给到R点（准备切削的位置）。

动作三　孔加工，以切削进给方式执行孔加工的动作。

动作四　在孔底的动作，包括暂停、主轴准停、刀具移位等动作。

动作五　返回到R点，继续下一步的孔加工。

动作六　R点快速返回到初始点。孔加工完成后应选择返回初始点。

· 初始平面。这是为了确保在确定孔位置时安全下刀而规定的一个平面。当使用同一把刀具加工孔时，当孔间存在障碍需要提刀跳过时或全部孔加工完成时，才使用G98（固定循环返回初始平面）回到初始平面，否则使用G99（固定循环返回R点平面）。

· R点平面。这个平面是刀具下刀时从快进转换为工作进给时的高度。该高度一般根据工件表面的尺寸变化来确定。

在已加工表面上钻孔、镗孔、铰孔时，引入距离为2～5 mm；在毛坯上钻孔、镗孔、铰孔，引入距离为5～8 mm；攻螺纹、铣削时引入距离为5～10 mm。编程时，应根据具体情况设置。

· 孔底0平面。加工盲孔时，孔底平面的位置就是孔底Z向高度。加工通孔时，刀具一般需要伸出工件底平面一小段，以确保整个孔深都加工到位。

2）孔加工固定循环指令格式

G90（或 G91）G99（G98）GnXnYnZnRnQnPnFnKn；

指令说明：

- G90、G91——规定机床的运动方式，G90 为绝对坐标方式，G91 为增量坐标方式。
- G99、G98——选择返回平面，G99 返回 R 点平面，G98 返回初始平面。
- Gn——规定孔加工方式的 G 指令。有 G73、G74、G76、G81～G89 等，为模态指令。
- XnYn——当前加工孔的位置。
- Zn——在 G90 时，Z 值为孔底的绝对坐标值，在 G91 时，Z 是 R 平面到孔底的增量距离。从 R 平面到孔底是按 F 代码所指定的速度进给的。
- R——在 G91 时，R 值为从初始平面到 R 点的增量距离；在 G90 时，R 值为绝对坐标值，此段动作是快速进给的。
- Q——在 G73 或 G83 方式中，规定每次加工的深度，在 G87 方式中规定移动值。Q 值一律是无符号增量值。
- P——孔底暂停时间，用整数表示，以 ms 为单位。
- F——进给速度，单位为 mm/min，攻螺纹时为 F＝S×T，S 为主轴转速，T 为螺距。
- K——K 为 0 时，只存储数据，不加工孔。在 G91 方式下，可加工出等距孔。仅在被指令的程序段中有效。

如果正在执行固定循环的过程中 NC 系统被复位，则孔加工模态、孔加工参数及重复次数 K 均被取消。

关于孔加工模态指令的使用，可以在编程时参考机床编程手册。

下面为孔加工固定循环指令的例子。

N0010 G54 G80 G90 G0 X0 Y0；	以 G54 为工件坐标，取消固定循环并以绝对坐标方式快速移动到 0，0 点
N0020 M06 T01；	换 T01 刀，使用 φ12 钻头
N0030 M03 S1000；	主轴正转
N0040 G43 G00 Z50 H1；	刀具长度补偿，快速移动到 Z50
N0050 G98 G73 Z－28 R1 Q2 F200；	设定 R 平面 Z 坐标为 1，钻孔循环深度为 2，使用深孔钻削循环以进给 200 mm/min 钻孔，钻孔深度为 28 mm 钻孔完成后返回到初始平面
N0060 G80 G0 Z50；	固定循环取消
N0070 M05；	主轴停
N0080 M02；	程序结束

5.4　自动编程实例

5.4.1　象棋加工

下面我们对图 5.1 所示的铝合金象棋进行加工。

1. 数控加工思路

从数据模型分析，象棋模型特征明显。

由于工件为规则的圆柱且直径偏小，因此工件采用三爪卡盘来夹持。

外圆面加工可以采用数控车削加工，所留余量为 0。具体加工方法参考本书第 4 章。这里不再赘述。端面由于字体较小，需要比较高的加工质量，且加工深度较浅，可以考虑在使用合理的加工参数的情况下，采用 $\phi2.5$ 的中心钻或 $\phi2.5$ 的键槽铣刀一次性采用等高线域粗加工的方式一次加工成型。当然，也可以不建立三维模型采用平面区域粗加工的方式，使用合理的参数一次性加工成型。

2. 准备加工条件

1）设定工件坐标系

考虑到对刀和程序编制的方便性，可以将坐标原点设置在工件上端面的圆心。

2）创建毛坯

以参照模型的方式设置毛坯。由于在车削加工时，加工余量为 0，因此在设置毛坯尺寸时，各方向的毛坯尺寸按照工件的实际大小来设置。

3）定义加工起始点

起始点可以定义在工件的边沿，也可以定义在工件的上表面圆心处。这里我们定义加工起始点在工件的上表面圆心处。

4）创建刀具并定义参数

在"刀具库"对话框中定义 $\phi2.5$ 球头刀（CAXA 制造工程师 2015 中没有中心钻的定义，这里用 $\phi2.5$ 球头替代）。在定义时，注意与实际使用的刀具参数相符。刀具命名一般以直径或刀具半径来表示，也可以两者同时使用。

3. 加工程序的生成

点击"加工"—"常用加工"—"等高线粗加工"菜单项，弹出如图 5.66 所示等高线粗加工设置对话框。

1）加工参数

加工方式采用往复加工以减少提刀，从而提高效率。

加工方向采用顺铣以提高刀具的耐用度。

优先策略采用区域优先以减少提刀。

走刀方式采用环切，这样可以避免轮廓边沿刀路整齐，省略轮廓精铣。

由于刀具直径较小，因此行距设置为 0.3，层高设置为 0.1。

加工余量为 0，以保证一次性加工完毕。

加工精度为 0.02，以保证足够的加工平顺性，同时降低刀具轨迹计算时间。

其余参数采用缺省值。

图 5.66　等高线粗加工

2）其他参数

区域参数、连接参数、干涉检查、计算毛坯直接使用系统缺省值即可。

3）切 削 用 量

本章前面已经讲过，切削用量同机床、刀具、材料、切削液都有密切的关系。

铝合金的硬度低、韧性低，导热性好，属于易加工材料；中心钻的整体刚性较好。本例中，加工量小，对机床刚性要求不高，因此，综合以上因素可以采用较大的切削用量。具体切削参数如图 5.67 所示。

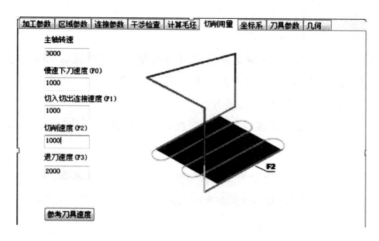

图 5.67　切削用量设置

4）坐标系

在缺省状态下，以系统坐标系为工件坐标系。若创建模型时没有以系统坐标系为基准，那么在加工时可以创建一个坐标原点位于指定点的坐标系，在设置加工参数时，选择该坐标系作为工件坐标系即可。

5）刀具参数

刀具参数可以直接调用在刀具库中设置好的 $\phi 2.5$ 球头刀。几何直接选取象棋实体模型。

根据以上参数生成的刀具轨迹如图 5.68 所示。

图 5.69 所示为刀具轨迹的局部放大图。

图 5.68　等高粗加工刀具轨迹

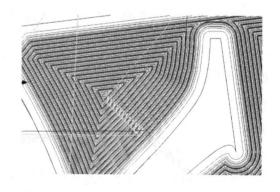

图 5.69　刀具轨迹局部放大图

4. 后置处理

将生成的刀具轨迹后置处理成机床可以识别的 G 代码。

点击"加工"—"后置处理"—"生成 G 代码",在弹出的对话框中选中刀具轨迹和数控系统,点击确定按钮即可生成 G 代码文件。如图 5.70 所示。

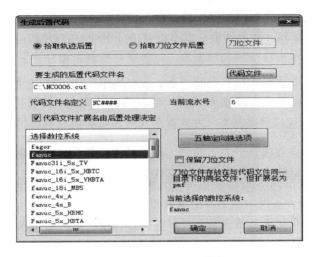

图 5.70　生成后置 G 代码

5.4.2　碟刹支架模具加工

图 5.71 所示为碟刹支架模具型芯部分,下面以此为例,说明铣削加工自动编程及加工过程。

1. 数控铣加工思路

从模型的主体特征分析,特征位于模具中心,较为不规则。

工件装夹采用在模具底部加工螺栓孔拉紧的方式来固定,这样在加工时可以不用考虑刀具避让夹具的问题。

加工时,可以按照以下方法安排加工顺序:

(1) 使用 ϕ16R0.8 的立铣刀以等高线粗加工的方法加工出整体外形以提高粗加工效率,此时型芯部位保留加工余量 0.3 mm,分模面加工余量为 0;

图 5.71　摩托车碟刹支架模具

(2) 使用 ϕ10 的键槽铣刀以等高线粗加工的方法对前面粗加工未加工到的残留余量较多的部位进行局部粗加工,此时保留加工余量 0.3 mm;

(3) 使用 ϕ6R3 的球头铣刀对型芯部位较为平坦的部分以扫描线精加工的方法去除余量,此时余量为 0;

(4) 使用 ϕ6 的端铣刀对较为陡峭的侧壁部分以等高线精加工的方法去除余量,此时余量为 0。

2．准备加工条件

1）设定工件坐标

考虑到装夹、找正工件和编制程序的方便性，将工件坐标远点设置在模具的左下角的上端面角点。当然，也可以将工件坐标原点以对边分中的方式设置在模具的中心。

2）创建毛坯

以参照模型的方式设置毛坯，同时 Z 方向的高度比以该方法获得的值大 3 mm 左右，以保证加工时，模具型芯有足够余量，使工件可完整地加工出来。

3）定义加工起始点

由于工件坐标原点在模具的左下角的上端面角点，考虑到加工程序生成的方便性，在"全局轨迹起始点"对话框中将起始点设置在(0，0，0)处。

4）创建刀具并定义参数

在"刀具库"对话框中定义 $\phi16R0.8$、$\phi10$、$\phi6R3$、$\phi6$ 等规格的刀具。

3．生成加工程序

1）等高线粗加工 1

按照加工思路，采用 $\phi16R0.8$ 的立铣刀以等高线粗加工方法进行粗加工。

所采用的部分参数和生成的刀具轨迹如图 5.72 所示。

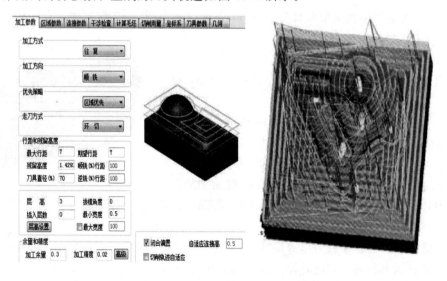

图 5.72　等高线粗加工 1 参数设置和刀具轨迹

2）等高线粗加工 2

使用 $\phi10$ 的键槽铣刀以等高线粗加工的方法对前面粗加工未加工到的残留余量较多的

部位进行粗加工。

　　所采用的部分参数和生成的刀具轨迹如图 5.73 所示。

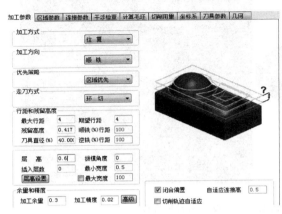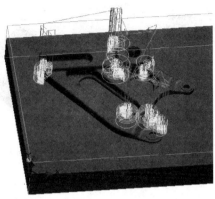

图 5.73　等高线粗加工 2 参数设置和刀具轨迹

3）等高线精加工

使用 ϕ6R3 的球头铣刀对型芯部位较为陡峭的部分以等高线精加工的方法去除余量。

所采用的部分参数和生成的刀具轨迹如图 5.74 所示。

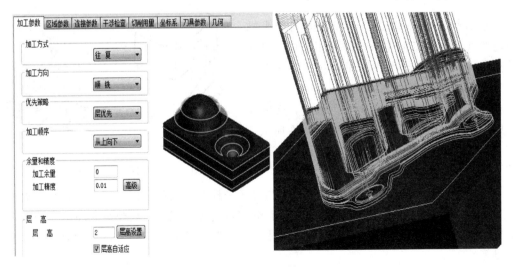

图 5.74　等高线精加工参数设置和刀具轨迹

4）扫描线精加工

使用 ϕ6R3 的球头铣刀对型芯部位较为平坦的部分以扫描线精加工的方法去除余量。

所采用的部分参数和生成的刀具轨迹如图 5.75 所示。

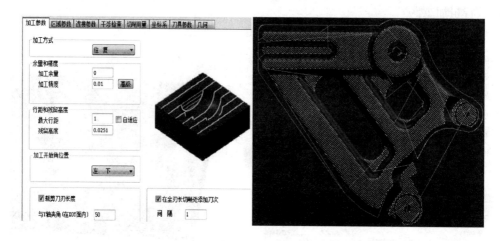

图 5.75　扫描线精加工参数设置和刀具轨迹

5.5　数控铣床坐标系规定及操作

5.5.1　坐标系规定

　　数控铣床也采用右手笛卡尔坐标系，坐标轴仍然以刀具远离工件的方向为正方向。与数控车床所不同的是，当我们面对立式铣床上主轴 Z，确定 X 坐标轴正方向时，会发现向左、向右都是刀具远离工件的方向，因此，这里硬性规定其正方向为右手方向，如图 5.76 所示。

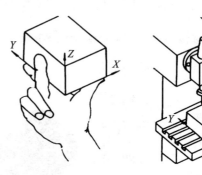

图 5.76　数控铣床坐标系的规定

5.5.2　对刀操作

　　通过刀具或对刀工具确定工件坐标系与机床坐标系之间的空间位置关系。这是数控加工中最重要的操作内容，其准确性将直接影响零件的加工精度。数控铣床加工中的对刀操作分为 X、Y 向对刀和 Z 向对刀。常用的对刀方式有试切对刀、对刀仪自动对刀、对刀器对刀等。

　　试切对刀方式主要应用于加工精度要求不高或其他对刀工具缺乏的情况，其详细步骤如下所述。

1. 机床回零

　　在对刀前应当将机床回零。

　　按动机床回零按键，并按启动键，机床即回到机械零点。如图 5.77 所示。

图 5.77　机床回零

2. X、Y、Z 向试切对刀

（1）将工件安装到机床工作台上，将刀具装到主轴上。注意在装刀具时，需要考虑刀具的装夹长度，在保证不发生干涉的情况下，尽量缩短刀具伸出的长度以增大刀具的刚性。

（2）按"CW"键转动主轴，并快速移动工件到主轴附近。若主轴不动，则按 PROG 键—MDI—输入主轴旋向和转速（例如 M3 S500）—登录—按循环启动键。

（3）使用手轮模式，让刀具慢速靠近工件对刀处，直到出处少许切屑为止，并记录下此时的坐标。

3. 西玛 DX650 的试切对刀

西玛 DX650 有矩形中心、圆形中心、教导输入三种对刀模式。按 OFFSET 键即进入偏置设置，再按屏幕下方坐标系选项按钮，即进入坐标系设置界面。如图 5.78 所示。

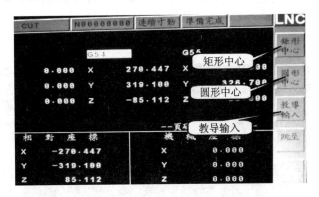

图 5.78　西玛 DX650 对刀模式

（1）矩形中心是以矩形工件的几何中心为工件坐标原点。采用矩形中心对刀模式需要测量出工件的 X 方向两侧坐标和 Y 方向两侧坐标，然后由系统自动计算处矩形中心点的坐标并将该点设置为工件坐标系的 ZY 向原点。如图 5.79 所示。

具体操作步骤如下：

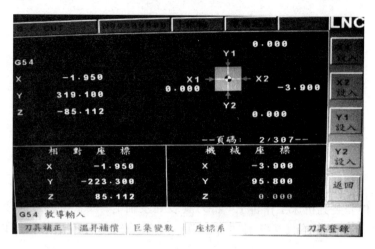

图 5.79　矩形中心对刀模式

① 按 OFFSET 键再按屏幕下方坐标系选项按钮进入坐标系设置界面，如图 5.78 所示。

② 在图 5.78 所示坐标系设置界面选择矩形中心对刀模式；

③ 对弹出界面要求的 X1、X2、Y1、Y2 逐一用试切法采集坐标并在确定坐标后按相应的设置按钮。

当以上参数采集完毕后，系统自动计算矩形中心坐标。

（2）圆形中心对刀是圆形的几何中心为工件坐标原点。采用圆形中心对刀模式需要测量出工件外圆或内孔的三个点的坐标，然后由系统自动计算出圆形中心点的坐标，并将该点设置为工件坐标系的 ZY 向原点。如图 5.80 所示。

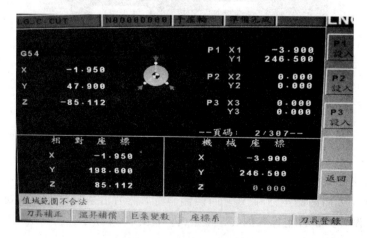

图 5.80　圆形中心对刀模式

具体操作步骤如下：

① 按 OFFSET 键再按屏幕下方坐标系选项按钮进入坐标系设置界面，如图 5.78 所示。

② 在图 5.78 所示坐标系设置界面选择圆形中心对刀模式；

③ 对弹出界面要求的 P1、P2、P3 逐一用试切法采集坐标，并在确定坐标后按相应的设置按钮。

当以上参数采集完毕后，系统自动计算圆形中心坐标。

（3）教导输入是将当前刀尖位置设定为工件坐标系原点。教导输入同时确定 X、Y、Z 三个方向的原点。例如可以将工件的某一角点设置为工件坐标原点。如图 5.81 所示。

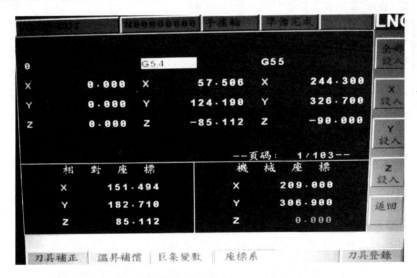

图 5.81　教导输入对刀模式

具体操作步骤如下：

① 按 OFFSET 键再按屏幕下方坐标系选项按钮进入坐标系设置界面，如图 5.78 所示。

② 在图 5.78 所示坐标系设置界面选择教导输入对刀模式。

③ 采用试切法将刀尖移动到需要设定为工件坐标系坐标原点的位置。在确定坐标后按相应的设置按钮可以设定 X、Y、Z 坐标或其部分（例如只设定 X、Y 的坐标值）坐标。

注意：系统缺省对 G54 坐标系进行设定。若需要设定其他坐标系（例如设定 G56）的坐标原点，应先激活需要设定的坐标系。

5.5.3　程序传输

经过后置处理的程序需要输入到加工中心系统中，才能进行加工。西玛 DX650 可以通过网络接口进行传输。这里介绍使用 RECON SHOP FLOOR 软件进行程序传输的方法。具体步骤如下：

（1）设置机床IP地址为172.23.139.9，用网线连接机床网络接口和电脑的网络接口。

（2）打开RECON SHOP FLOOR软件，点击菜单项"机台管理"，在弹出的对话框中点击"新增"按钮，即可以增加要传输程序的机床的IP地址。如图5.82右侧所示。

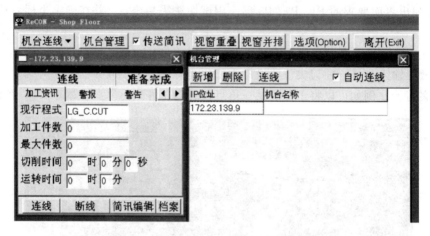

图5.82　机台管理窗口

（3）点击"机台连线"菜单项，在弹出的对话框中点击连接，软件开始自动连接机床。若连接成功，则在对话框显示"准备完成"。如图5.82左侧所示。

（4）点击"机台连线"弹出对话框右下角"档案"按钮，即弹出如图5.83所示"档案传输"对话框。在对话框中选中要传输到机床中的文件并点击"上传"按钮，即可将文件传输到机床系统中。同时若需要，也可将机床中的文件传输到电脑中。文件可以批量上传或下载。

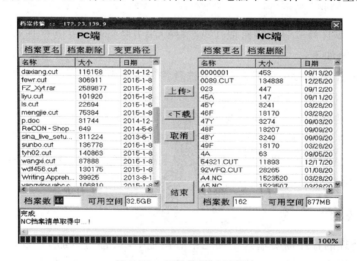

图5.83　档案传输对话框

注意：当机床正在加工时，RECON SHOP FLOOR不能上传或下载程序。

5.5.4　自动加工

当程序传输到机床系统中后，就可以加载该程序进行 DNC 自动加工了。具体步骤一般如下：

（1）按"PROG"键，再按"EDIT"键，在弹出的界面中选择"档案总管"按钮，即弹出程序选择界面。

（2）在程序选择界面中选择需要运行的加工程序，按回车键后即已将程序调入为当前程序。

（3）按"MEM"键，进入自动模式。

（4）按"CW"键，启动主轴旋转。

（5）按"CYCLE START"键开始加工。若需要对程序进行单步运行，则需要在开始加工前按"F2"键，然后正向摇动手轮单步运行程序。重复按一次"F2"键即可以取消单步运行模式。

在加工过程中，尤其是刚开始加工时，需要密切观察切削状况，若发生切削异常如切削异响或机床有较大抖动等情况，需要立即降低进给倍率或按"RESET"键中断当前加工。紧急情况下可以直接按下红色急停按钮，机床会立即停止运转。

（6）加工安全注意事项：开机后，确认润滑、冷却系统马达工作正常后热机 15 分钟；不可两人或多人同时使用/操作机床；不可防止任何刀具或工具在工件上或操作面板上；主轴在运转时，应当关闭防护门；避免长发或松衣操作机床；关机前，应主轴回零并取下刀具。

参 考 文 献

[1] 汪木兰，等. 数控原理与系统. 北京：机械工业出版社，2008.

[2] 严育才，张福润，等. 数控技术（修订版）. 北京：清华大学出版社，2012.

[3] 张春雨，于雷，等. 数控编程与加工实习教程. 北京：北京大学出版社，2011.

[4] 华兴数控 710T/720T/730T/740T 系统车床用户手册. 南京：华兴数控技术有限公司，2012.

[5] 世纪星车床数控系统编程说明书. 武汉：华中数控股份有限公司，2013.

[6] 何高法，等. 数控加工技术. 重庆：重庆大学出版社，2013.

[7] 朱建平，郁志纯. 数控编程与加工一体化教程. 北京：清华大学出版社，2009.

[8] 荣瑞芳. 数控加工工艺与编程. 西安：西安电子科技大学出版社，2006.

[9] 丛娟. 数控加工工艺与编程. 北京：机械工业出版社，2008.

[10] 徐海军，王海英. CAXA 制造工程师 2013 数控加工自动编程教程. 北京：机械工业出版社，2014.

[11] 王宏伟. 数控加工技术. 北京：机械工业出版社，2013.

[12] 张达，等. 数控铣床编程与操作. 北京：国防工业出版社，2014.

[13] 廖怀平. 数控机床编程与操作. 北京：机械工业出版社，2008.

[14] 康亚鹏. CAXA 制造工程师 2008 数控加工自动编程. 北京：机械工业出版社，2011.